融媒体
创新型人才培养系列丛书

U0725273

融媒体图片制作 + 融媒体视频制作 +
融媒体可视化交互作品制作 + 融媒体聚合与发布

融媒体
制作与发布实战

微课版

曾晨曦 陈静◎主编

曹凯峰◎副主编

人 民 邮 电 出 版 社
北 京

图书在版编目（CIP）数据

融媒体制作与发布实战：微课版 / 曾晨曦，陈静主编. -- 北京：人民邮电出版社，2025. --（融媒体创新型人才培养系列丛书）. -- ISBN 978-7-115-65193-8

Ⅰ．TP312.8

中国国家版本馆 CIP 数据核字第 20244W6Q72 号

内 容 提 要

　　本书系统地阐述了融媒体图片制作实战、融媒体视频制作实战、融媒体可视化交互作品制作实战、融媒体聚合与发布实战四大模块的内容，涉及公众号图片处理、Banner图制作、视频制作、片头动画制作、交互游戏制作、交互宣传片制作等基本技能，同时融入AI图片处理与生成等新技术，全面讲解融媒体内容制作、平台发布等实用技能，紧跟行业发展，充分满足院校教学需求。无论是希望了解融媒体制作与发布的初学者，还是想要提升技能的融媒体从业者，都能从本书中获得实用的知识和经验。

　　本书适合作为高等职业院校、应用型本科院校融媒体制作相关课程的教材，也可作为融媒体制作爱好者的参考书。

◆ 主　　编　曾晨曦　陈　静

　　副主编　曹凯峰

　　责任编辑　白　雨

　　责任印制　王　郁　彭志环

◆ 人民邮电出版社出版发行　　北京市丰台区成寿寺路 11 号

　　邮编　100164　　电子邮件　315@ptpress.com.cn

　　网址　https://www.ptpress.com.cn

　　临西县阅读时光印刷有限公司印刷

◆ 开本：700×1000　1/16

　　印张：12.75　　　　　　　　　　2025 年 1 月第 1 版

　　字数：243 千字　　　　　　　　2025 年 6 月河北第 2 次印刷

定价：69.80 元

读者服务热线：(010)81055256　印装质量热线：(010)81055316
反盗版热线：(010)81055315

前言
_ Foreword

融媒体是一种新型媒体形态，它将传统媒体（如报纸、电视）与新媒体（如社交媒体、互联网新媒体等）结合起来，实现信息传播的多元化和全媒体覆盖。通过融媒体，信息可以被快速、准确地传递给受众，同时受众也可以通过各种媒体平台进行互动，这样可以增强受众的参与感和体验感。融媒体的出现，不仅改变了信息传播的方式，也推动了媒体行业的创新和发展。

本书为湖南工程职业技术学院和北京北测数字技术有限公司校企合作的项目，由学校与企业人员共同编写。本书紧扣"岗课赛证"，以项目化的实战方式，全面、深入地讲解融媒体制作与发布的相关内容。本书通过一系列真实、具有代表性的实战案例，详细剖析融媒体制作与发布的流程、技巧及注意事项。这些案例均源自企业实践，并有效融入素养元素，旨在确保内容的引导性、实用性和指导价值。同时，本书高度重视读者的个性化需求，精心设计了多种学习资源，包括微课视频、在线测试、MOOC 课程等。读者可以根据自己的实际情况和学习需求，灵活选择适合自己的学习方式和学习内容。这种多元化的学习方式有助于读者更深入地理解知识，提升实际操作能力和创新思维水平。通过对本书的学习，读者将能够快速掌握融媒体制作与发布的核心技能，并能够将这些技能应用于实际工作中。

本书一共分为 4 个模块，具体如下。

模块一：融媒体图片制作实战，包括公众号图片处理、Banner 图制作、AI 图片处理与生成等实战内容。

模块二：融媒体视频制作实战，包括《过年变装秀》《年·味》《新年照片祝福》等多个视频制作实战内容。

模块三：融媒体可视化交互作品制作实战，包括片头动画制作、交互游戏制作、交互宣传片制作等实战内容。

模块四：融媒体聚合与发布实战，包括 H5 融媒体平台作品发布、公众号内容聚合与发布、短视频平台内容发布等实战内容。

在学习的过程中，读者应当注重实践操作、勤于思考、深入分析，努力做到举一反三，不断总结经验。为了帮助读者更好地学习，本书还特别提供了同步的微课视频，让读者可以边看边学，在"做中学、学中做"，更加直观地理解和掌握方法、技巧。本书对应课程已上线智慧职教 MOOC 平台，同时，本书在人邮学院平台也有对应课程。如果在学习过程中遇到难题，读者可以登录智慧职教 MOOC 平台进行互动交流，或扫描下方二维码进入人邮学院同步学习，共同探讨问题，提升学习效果。希望读者能够充分利用这些学习资源，取得更好的学习成果。

人邮学院

读者可以扫描书中二维码观看本书配套微课视频。同时，本书配有丰富的教学资源，用书老师可以登录人邮教育社区网站（www.ryjiaoyu.com）免费下载相关资源。

本书由曾晨曦、陈静担任主编，由曹凯峰担任副主编。由于编者水平有限，书中难免存在不足之处，敬请广大读者批评指正。

编　者

2024 年 6 月

目录
Contents

目录
Contents

模块一
融媒体图片制作实战

岗课赛证

➢ 岗位：全媒体运营师、新媒体运营师、网页设计师等。

➢ 课程：图形图像处理技术、网页 UI 设计等。

➢ 竞赛：全国职业院校技能大赛融媒体内容策划与制作赛项、金砖国家职业技能大赛数字媒体交互设计赛项、全国行业职业技能竞赛广告设计师赛项等。

➢ 证书：1+X 融媒体内容制作职业技能等级证书、1+X 新媒体编辑职业技能等级证书、1+X 数字影像处理职业技能等级证书等。

项目背景

1. 某融媒体企业计划用公众号发布一篇专题文章，使其聚焦于湖湘传统美食文化。该文章将采用图片、文字等多媒体形式，生动展现湖湘传统美食的历史渊源、制作工艺、风味特点及文化内涵。

2. 某融媒体企业即将在其官网和公众号上发布一篇关于低碳生活的专题文章，并设计配套的主题 Banner 图进行宣传推广，旨在提升公众对低碳生活理念的认识和重视程度，倡导绿色低碳的生活方式，推动生态文明建设。

3. 随着科技的飞速发展和大数据时代的到来，AI 技术在各个领域的应用越来越广泛。特别是在图片处理与生成领域，AI 技术以其高效、智能的特性，正逐渐改变着传统的图片处理方式。本模块旨在通过实战的方式，深入探索 AI 在图片处理与生成方面的应用，包括 AI 无损放大图片、AI 一键消除图片背景及 AI 智能文生图等方法和技巧。

软件选择

Photoshop（以下简称"PS"）作为业界公认的图片编辑首选工具，优势显而易见。首先，PS 提供了丰富多样的编辑功能，无论是调整色彩、裁剪图片，还是进行复杂的合成与特效制作，设计者都能使用 PS 轻松应对。其次，PS 操作页面直观友好，即便是初学者也能快速上手。再者，PS 还支持各种格式的图像文件，且处理图像文件的速度极快，能够满足专业人士对于高效率的需求。此外，PS 拥有庞大的社区和丰富的教程资源，用户可以随时获取帮助和学习新的编辑技巧。因此，模块一主要选择 PS 作为图片编辑的工具。

在数字化、网络化和智能化的时代背景下，AI 通过机器学习、深度学习，有效提升了图片处理与图片生成方面的工作效率，还极大地丰富了融媒体的表现形式和创意空间。数字媒体行业对于掌握 AI 技术的人才的需求急剧增加。因此，项目三中将使用 3 种 AI 功能（AI 无损放大图片、AI 一键消除图片背景及 AI 智能文生图）进行图片处理与生成的实战操作。

实战项目一　公众号图片处理

【学习目标】

1. 了解用公众号发布文章的规范。
2. 掌握制作公众号图片的流程。
3. 掌握图片裁剪、尺寸调整、色彩调整、多图组合、GIF 动图制作、导出格式设置、AI 优化文件大小的方法。

扫一扫

最终效果

【实战效果】

通过公众号发布一篇介绍湖湘传统美食的文章，将湖湘人民喜爱的臭豆腐、葱油粑粑、米粉推荐给大家。模块一实战项目一效果如图 1-1 所示，通过扫描二维码可以查看最终的视频效果。

※ 文化自信：传统文化是一个国家与民族灵魂的体现，而传统美食文化则是传统文化不可或缺的重要组成部分。本项目聚焦于湖湘传统美食文化，通过精心策划和积极推广，旨在加强人们对湖湘传统文化的热爱与认同，彰显民族自信与自尊，推动中华优秀传统文化的传承与发展。

图 1-1　模块一实战项目一效果

【实战要求】

1. 图文并茂地展示主题，使图片形式多样化。

2. 美食图片清晰、规整。

3. 图片中的美食色泽诱人。

4. 控制文件大小，提高页面打开速度，优化用户体验。

【实战准备】

1. 申请公众号。

2. 安装 Adobe Photoshop 2023。

3. 拍摄美食图片。

【实战解析一：单图编辑】

对素材 1（臭豆腐）进行处理，使其符合项目要求。

知识点

图片裁剪操作、图片尺寸调整、图片色彩调整、导出格式设置、AI 优化文件大小。

✓ 效果描述

1. 裁剪图片，突出主体物。

2. 在保证图片不变形的前提下，将图片的宽度调整为 1080 像素，使其符合发布规范。

3. 改变图片色彩的明度、对比度、饱和度和色相，突出美食的视觉效果。

4. 将图片导出为 PNG 格式，避免图片在上传后因自动压缩而变得模糊。

5. AI 优化文件大小，压缩文件，提升公众号的运行速度。

效果展示

图 1-2 所示为素材 1 处理后的效果图。

图 1-2　素材 1 处理后的效果图

3

🛠 效果制作

↘ 一、图片裁剪操作

打开 PS，在菜单栏中选择"文件—打开"命令，或使用快捷键"Ctrl+O"打开素材 1（见图 1-3），使用工具栏中的裁剪工具，或使用快捷键"C"选择裁剪工具，根据主体物的位置进行左右裁剪（见图 1-4），突出主体物臭豆腐。

图 1-3　打开素材 1　　　　　　图 1-4　左右裁剪

※ 法律意识：图片如果做商业用途，将涉及版权问题。使用未经授权的图片可能会引发版权纠纷，给企业或个人带来不必要的法律风险和经济损失。因此，设计师应当选择那些已经获得授权或可免费商用的图片，以确保作品的合法性和安全性。

※ 实战技巧：在生活中，无论何时何地，看到心动的画面，在征得被拍摄对象或物品所有人的同意后，拿出相机或手机捕捉这一瞬间，收集素材。

↘ 二、图片尺寸调整

在公众号中，如果图片的宽度超过 1280 像素，图片将被大幅压缩，导致清晰度明显下降。因此，上传公众号的图片的宽度不宜超过 1280 像素，高度不限。

在菜单栏中选择"图像—图像大小"命令，或在文件上方区域单击鼠标右键，在菜单中选择"图像大小"（见图 1-5），打开"图像大小"控制面板（见图 1-6）进行设置，将"宽度"设为 1080 像素，限制长宽比。

图 1-5　选择"图像大小"　　　　图 1-6　"图像大小"控制面板

三、图片色彩调整

为了彰显美食的特征，需调整图片色彩的明度、对比度、色相和饱和度。

在菜单栏中选择"图像—调整—曲线"命令，或使用快捷键"Ctrl+M"打开"曲线"控制面板（见图 1-7）设置参数。单击曲线创建节点，通过移动节点的位置改变图片的明度和对比度，增强图片的视觉冲击力。

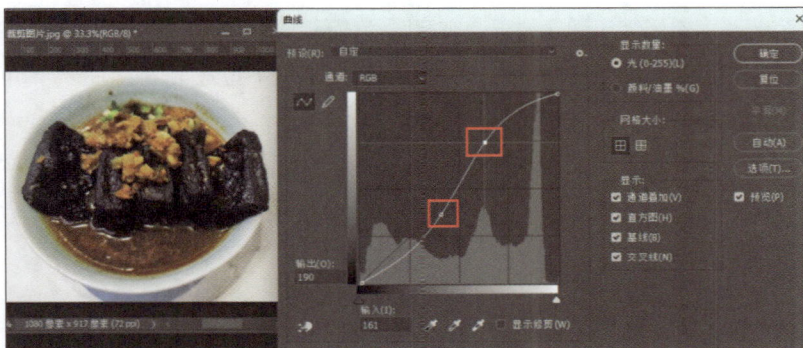

图 1-7　"曲线"控制面板

在菜单栏中选择"图像—调整—色相/饱和度"命令，或使用快捷键"Ctrl+U"打开"色相/饱和度"控制面板（见图 1-8）设置参数。将"色相"值设置为 -12，"饱和度"值设置为 3，将图片调整为红色调。

图 1-8　"色相/饱和度"控制面板

四、导出格式设置

在公众号中，不仅图片的宽度决定压缩效果，图片格式也决定图片的压缩率。通过测试研究，建议将图片导出为 PNG 或 JPEG 格式。表 1-1 为不同图片格式压缩情况对比表。

表1-1　不同图片格式压缩情况对比表

序号	图片格式	压缩率	压缩后图像效果	压缩后文件大小
1	PNG	小	几乎无损，肉眼无差	大
2	JPEG	大	受损较大，肉眼可见	小

通过对比，我们可以得出图片的两种使用范畴。

使用范畴一，希望突出图像效果，在意图片质量。在菜单栏中选择"文件—存储为"命令，或使用快捷键"Shift+Ctrl+S"，在"保存类型"下拉式菜单中选择"PNG"，将图片储存为PNG格式。

使用范畴二，对图像效果要求不高，在意文件大小。在菜单栏中选择"文件—存储为"命令，或使用快捷键"Shift+Ctrl+S"，在"保存类型"下拉式菜单中选择"JPEG"，将图片储存为JPEG格式。

为了体现美食的视觉效果，本项目推荐使用PNG格式，以保证图片质量，而文件大小可通过AI轻松调整。

↘ 五、AI优化文件大小

在公众号中上传文件，单个文件的大小不能超过10MB。将图片导出为PNG格式会使图片较大，导致公众号页面的打开速度变慢。因此，需在保证图像质量的基础上，降低图片文件大小。目前有很多AI平台可实现以上要求。例如TinyPNG，它是一个免费使用、一键生成、能保证图像质量且降低图片文件大小的AI优化网站。

打开该网站主页，将需要优化的图片拖放到虚线框内，便可静待图片无损压缩（见图1-9）。这一网站可将图片压缩74%左右，压缩后的图像质量基本无损，肉眼看不出差别，单击"download"按钮便可下载压缩后的图片。

图1-9　图片无损压缩

※ 行业前沿：AI 如今已成为我们生活和工作中不可或缺的助手。巧用 AI，能更高效地处理各种任务，节省大量时间和精力。学会使用 AI 技术已成为当今时代的必然趋势。

图 1-10　素材 2 处理后的效果

用同样的方法对素材 2（葱油粑粑）进行处理，处理后的效果如图 1-10 所示。因素材不同，各参数根据实际情况进行微调，使其符合项目要求。

【实战解析二：多图组合】

对素材 3 中的 3 张图片进行处理及组合，使其符合项目要求。

知识点

多图导入同一文档、多图大小调整、多图间距调整、文档尺寸调整、删除半截图片。

☑ 效果描述

1. 将 3 张图片放入同一个文档，以丰富视觉效果。

2. 在确保图片不变形的前提下，对 3 张图片进行大小和位置的调整，实现一大二小的排版效果。

3. 3 张图片的水平间距和垂直间距相等。

🖼 效果展示

最终效果如图 1-11 所示。

图 1-11　最终效果

※ 实战技巧：将多张图片巧妙地结合在一起，形成统一且连贯的视觉效果。这种组合方式不仅丰富了视觉层次，更增强了信息传递的力度和效果。

⚒ 效果制作

↘ 一、多图导入同一文档

第一步，处理素材。采用实战解析一的图片处理方法，处理素材 3。

第二步，创建文档（见图 1-12）。在菜单栏中选择"文件—新建"命令，或使用快捷键"Ctrl+N"新建文档，并将其命名为"素材 3 制作效果"，将"宽度"设置为 1080 像素、"高度"设置为 700 像素、"分辨率"设置为 72 像素 / 英寸。

第三步，转换颜色模式（见图 1-13）。在菜单栏中选择"文件—打开"命令，或使用快捷键"Ctrl+O"，打开处理好的素材 3。在菜单栏中选择"图像—模式—RGB 颜色"命令，将不能编辑的索引模式转换成 RGB 模式。

※ 实战技巧：常用的色彩模式包括 RGB 颜色、CMYK 颜色、索引颜色、Lab 颜色等。不同的色彩模式有不同的用途。比如，RGB 颜色通常用于屏幕图像编辑；CMYK 颜色通常用于打印图像编辑；索引颜色通过限制调色板中颜色的数目压缩文件，同时保持其视觉效果不变，在网页中常常需要使用索引颜色的图像；Lab 颜色所定义的色彩最多，但在 PS 中很多都不能使用。

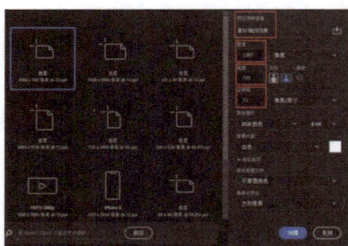

图 1-12　创建文档

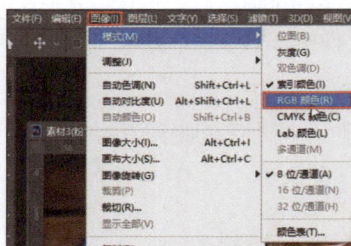

图 1-13　转换颜色模式

第四步，图片组合。使用工具栏中的移动工具或使用快捷键"V"，将处理好的素材 3 中的米粉 1 图片移动到名为"素材 3 制作效果"的空白文档中（见图 1-14）。用同样的方法，将处理好的米粉 2 和米粉 3 图片拖动到"素材 3 制作效果"文档中。

图 1-14　将图片移动到空白文档中

二、多图大小调整

第一步，在视觉上缩小图片。使用工具栏中的缩放工具或使用快捷键"Z"，在状态栏中选择"缩小"按钮，在视觉上缩小图片（见图 1-15），便于整体观察。

图 1-15　缩小图片

第二步，等比例缩小图片尺寸。在菜单栏中选择"编辑—自由变换"命令，或使用快捷键"Ctrl+T"缩放图片，将鼠标指针移动到蓝框四角任意一点上，按住鼠标左键等比例缩放图片（见图 1-16），然后将鼠标指针放在蓝框内，按住鼠标左键并上下移动调整图片位置。按"Enter"键，确定图片最终的大小和位置。用同样的方法，对其他两张图片进行调整。实现一张大图 + 两张小图的布局。

图 1-16　等比例缩放图片

三、多图间距调整

通过调整参考线的位置定位图片位置。在菜单栏中选择"编辑—首选项—打开单位与标尺界面"命令，将标尺的单位设置为像素。在菜单栏中选择"视图—参考线—新建参考线"，新建水平参考线，将位置设置为 630 像素。使用工具栏中的移动工具，根据参考线的位置对图片进行微调。以同样的方法，新建水平参考线，位置设置为 650 像素，新建垂直参考线，位置设置为 530 像素、550 像素。参考线设置如图 1-17 所示。

打开文件夹，将处理好的米粉 2 和米粉 3 图片直接拖动到素材 3 制作效果文档中，根据参考线调整其大小与位置。

※ 工匠精神：调整多图之间的距离时，应精确到像素。这种精益求精的态度，不仅是对自己作品的尊重，更是对受众负责的表现。只有如此，才能打造出真正令人满意的作品。

9

图 1-17　参考线设置

四、文档尺寸调整

因文档高度不够，下面两图没有完全显示，需调整文档高度。使用工具栏中的裁剪工具或使用快捷键"C"，单击工具栏下方的"默认前景色和背景色"按钮，将鼠标指针放在图片下边缘并按住鼠标左键向下拖曳裁剪框至合适的位置（见图 1-18）。

五、删除半截图片

鼠标左键双击图层名，分别对 3 个图层进行重命名设置（见图 1-19）。选择"三鲜粉"图层，单击鼠标右键，选择"栅格化图层"。选择工具栏中的矩形框选工具，或使用快捷键"M"，按住鼠标左键框选"三鲜粉"图层多余的半截图片，按"Delete"键删除。在菜单栏中选择"选择—取消选择"命令，或使用快捷键"Ctrl+D"取消选区。在菜单栏中选择"视图—显示—参考线"命令，或使用快捷键"Ctrl+;"隐藏参考线。

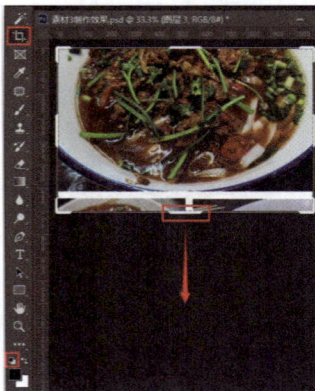

图 1-18　拖曳裁剪框至合适的位置　　　　图 1-19　重命名设置

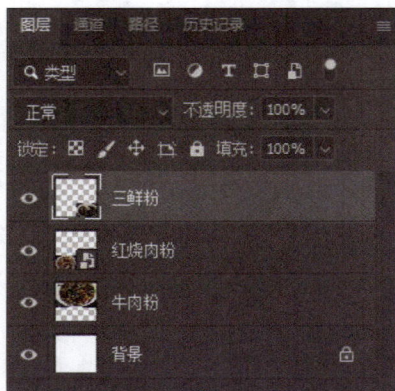

为了方便项目的修改，应保留源文件。在菜单栏中选择"文件—存储"命令，或使用快捷键"Ctrl+S"保存 PSD 格式的源文件。

为了满足本项目的需求，将文件储存为 PNG 格式。在菜单栏中选择"文件—存储副本"命令或使用快捷键"Alt+Ctrl+S"，在保存类型下拉式菜单中选择"PNG"，将文件存储为 PNG 格式。

※ 实战技巧：保存源文件是一个非常重要的步骤。源文件包含了作品的原始数据和创作过程中的所有信息，对后续的修改和查看至关重要。

【实战解析三：动图制作】

将处理好的臭豆腐、葱油粑粑、米粉图片制作成 GIF 动图并使其符合项目要求。

知识点

GIF 动图制作。

☑ 效果描述

1. 将处理好的 3 张图片叠放在同一个文档中，使其依次显示，以丰富视觉效果。

2. 3 张图片每隔 0.2 秒循环播放。

✕ 效果制作

第一步，在 PS 中导入 3 张图片，并将其放入同一个文档。在 PS 的菜单栏中选择"文件—打开"命令，或使用快捷键"Ctrl+O"导入 3 张图片。使用工具栏中的移动工具或快捷键"V"将 3 张图片拖到同一个文档中。

扫一扫

微课做中学

第二步，设置图层名称。在"图层"面板中双击"背景"层，解锁"背景"层，并给该图层命名。选择其他两个图层，同样进行双击命名的操作。将 3 个图层分别命名为"臭豆腐""葱油粑粑""米粉"。

第三步，调整图片大小。选择"臭豆腐"图层，在菜单栏中选择"编辑—自由变换"命令，或使用快捷键"Ctrl+T"调整图像的大小，使臭豆腐图像在文件中满屏显示。单击图层前面的眼睛图标，将"臭豆腐"图层隐藏。对"葱油粑粑"图层使用同样的方法进行调整。

第四步，调整图层顺序。单击图层前面的眼睛图标，使 3 个图层全部显示出来。单击鼠标左键选择图层，按住鼠标左键上下拖动，调整图层顺序（见图 1-20）。

第五步，制作 GIF 动图。

首先在菜单栏中选择"窗口—时间轴"命令（见图 1-21），打开"时间轴"面板，选择"创建帧动画"选项（见图 1-22）。

图 1-20　调整图层顺序

图 1-21　选择"窗口—时间轴"命令

图 1-22　选择"创建帧动画"选项

然后在"时间轴"面板的右侧单击▣按钮，选择"从图层建立帧"选项（见图 1-23）。

图 1-23　选择"从图层建立帧"选项

接下来按"Shift"键并单击"时间轴"面板中的 3 个缩略图，在下拉式菜单中选择"0.2"，同时调整每层显示的时间（见图 1-24）。单击"时间轴"面板中的播放按钮或使用空格键试看效果。

最后在菜单栏中选择"文件—存储"命令，或使用快捷键"Ctrl+S"保存源文件。在菜单栏中选择"文件—存储副本"命令，或使用快捷键"Alt+Ctrl+S"保存 GIF 格式。

※ 实战技巧：GIF 动图是一种非常流行的图像格式，凭借独特的动态效果、小巧的体积、无须额外插件的便捷性、简单的制作与编辑流程，以及多样化的应用场景，已成为最常用的图像格式之一。

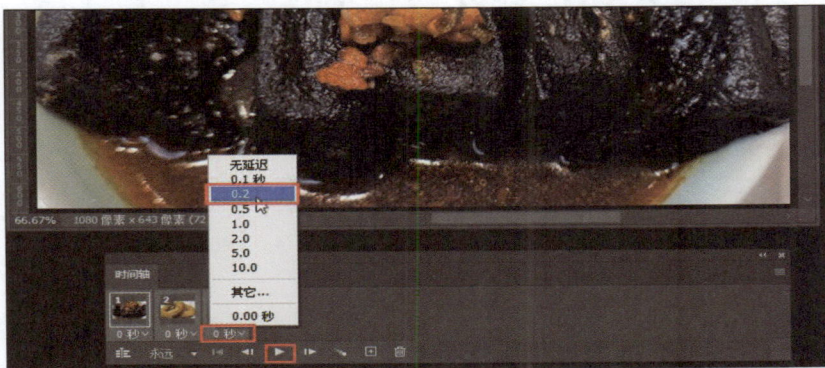

图 1-24 调整每层显示时间

实战项目二 Banner图制作

【学习目标】

1. 了解 Banner 图的制作规范。

2. 掌握 Banner 图的制作流程。

3. 掌握尺寸、分辨率、安全区、辅助线的设置方法。

4. 掌握绘制图形、自由变换、对齐、色彩调整、设置选区、设置路径、图层栅格化、设置图层样式、设置图层透明度、文件保存的方法。

5. 掌握渐变工具、魔棒工具、移动工具、吸管工具、油漆桶工具、钢笔工具、文字工具的使用方法。

【实战效果】

以低碳生活为主题，用 Banner 图在 PC 端和移动端宣传推广低碳生活理念。模块一实战项目二效果如图 1-25 所示。

13

图 1-25　模块一实战项目二效果

※ 生态文明：低碳生活既是一种生活方式，更是一种环保责任。低碳生活包含哪些生活观和消费观？落实低碳生活，宣传推广低碳生活，你我同行，共促生态文明。

【实战要求】

1. 通过 Banner 图宣传推广低碳生活理念。
2. Banner 图有创意，视觉冲击力强。

【实战准备】

1. 安装 Adobe Photoshop 2023。
2. 申请公众号。

【实战解析一：基本设置】

创建主题 Banner 图文档，使其符合项目要求与制作规范。

知识点

尺寸设置、分辨率设置、安全区设置。

效果描述

1. 新建文档，使其与公司官网 Banner 图尺寸保持一致。
2. 设置安全区，使 Banner 图能适应不同显示设备。

效果展示

模块一实战项目二实战解析一的效果如图 1-26 所示。

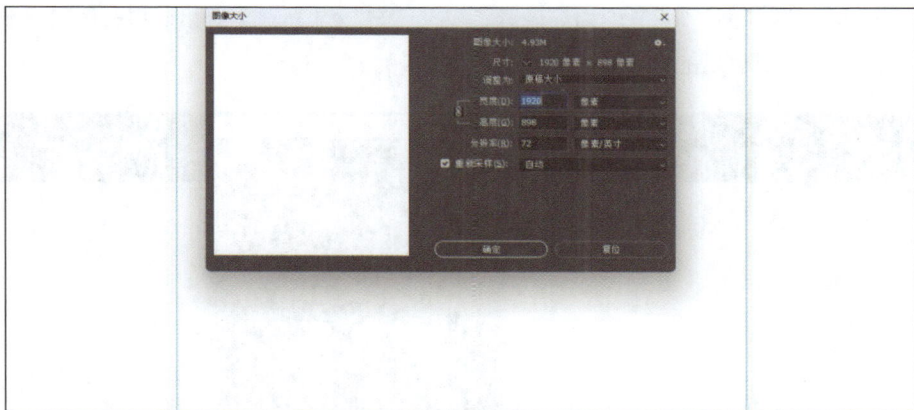

图 1-26　模块一实战项目二实战解析一的效果

🛠 效果制作

↘ 一、文档创建

公司官网 Banner 图的尺寸为 1920 像素 ×898 像素。打开 PS，创建"宽度"为 1920 像素、"高度"为 898 像素、"分辨率"为 72 像素 / 英寸、"颜色模式"为 RGB 颜色、"背景内容"为白色的文档。文档设置如图 1-27 所示。

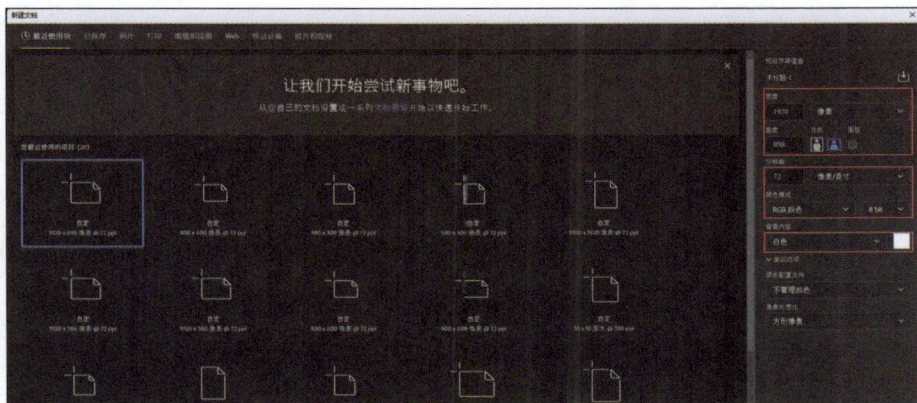

扫一扫

微课做中学

图 1-27　文档设置

※ 实战技巧：公司官网的 Banner 图尺寸保持一致，不仅有助于提高网站的统一性和专业性，还能较好地提升用户体验。

↘ 二、安全区设置

单击"视图"菜单，选择参考线，打开"新建参考线版面"，设置安全区（见

15

图 1-28）。设置"上""下"均为 0 像素，"左""右"均为 360 像素。将主体内容放置在两条蓝线内，此区域的宽度为 1200 像素，高度为 898 像素。

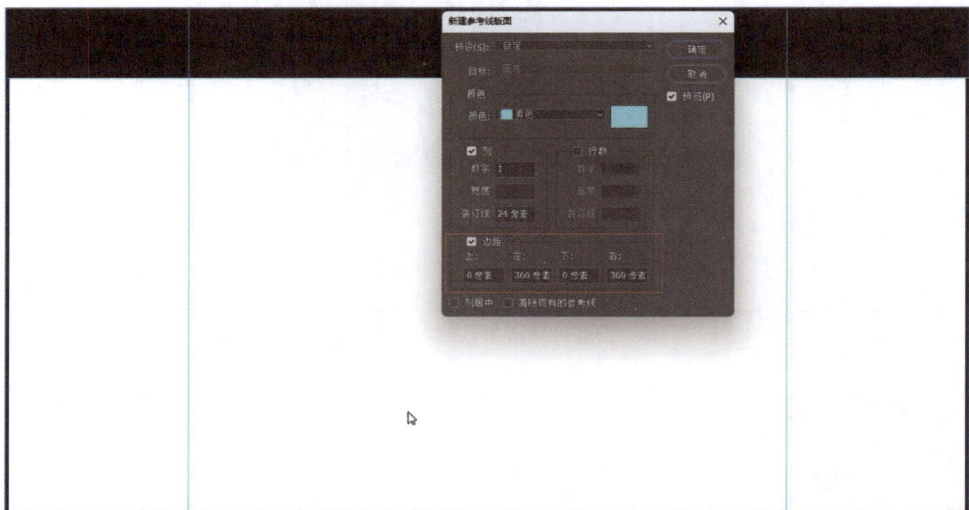

图 1-28　设置安全区

※ 实战技巧：为了保证公司官网的 Banner 图在分辨率不同的设备上都能得到良好的展示，设计师在设计时应该充分考虑安全区。安全区是指在不同设备上显示内容时，确保内容不会因为屏幕尺寸变化而超出设备边界的区域。

【实战解析二：元素绘制】

制作渐变背景，绘制地球图标。

知识点

渐变色背景制作、绘制正圆、设置辅助线、图形作为选区载入、反选、栅格化图层、旋转图形、取消选区、图形对齐。

✓ 效果描述

1. 设置渐变背景。
2. 通过复制图层、选择与反选等操作绘制地球图标。

🖼 效果展示

元素绘制完成后的效果如图 1-29 所示。

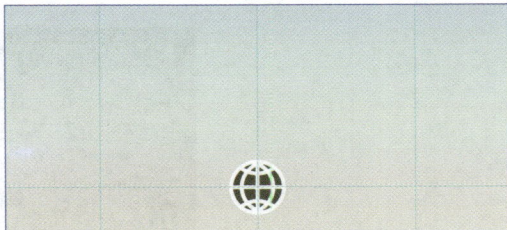

图 1-29 元素绘制完成后的效果

🛠 效果制作

↘ 一、渐变背景制作

在工具栏中选择渐变工具，按"Shift"键的同时按住鼠标左键从上往下拉动，设置线性渐变。分别双击渐变预设线段的顶端和底端，设置背景渐变颜色（见图 1-30），从 ceebea 颜色渐变到 ebede0 颜色。调整两端点的位置，效果完成。

扫一扫

微课做中学

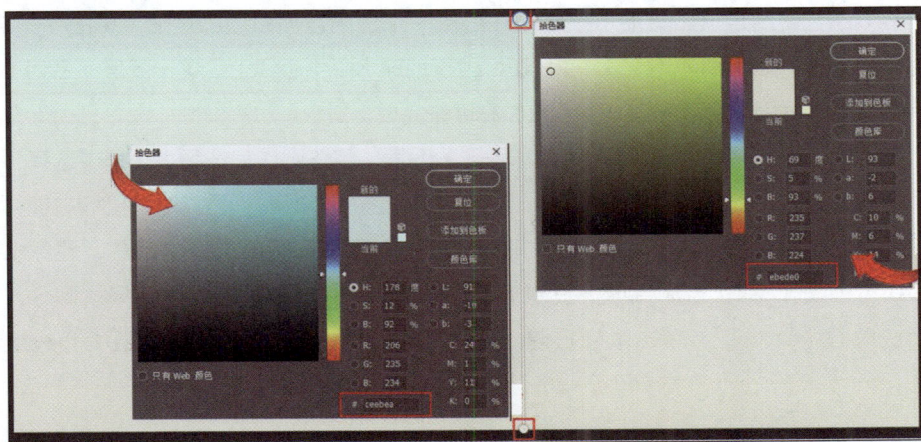

图 1-30 设置背景渐变颜色

※ 工匠精神：设置渐变色时应做到精益求精。色彩是一个非常重要的元素。不同的色相、明度和饱和度都会对最终的视觉效果产生影响。用十六进制颜色代码能精确获取和表示色彩。

↘ 二、地球图标绘制

第一步，绘制地球外形。选择椭圆工具，按"Shift"键的同时按住鼠标左键并拖动，绘制正圆。设置"填色"为绿色，"描边"为 16 点，"W"和"H"均为 216 像素，完成地球外形绘制（见图 1-31）。将这一图层命名为"地球外形"图层。

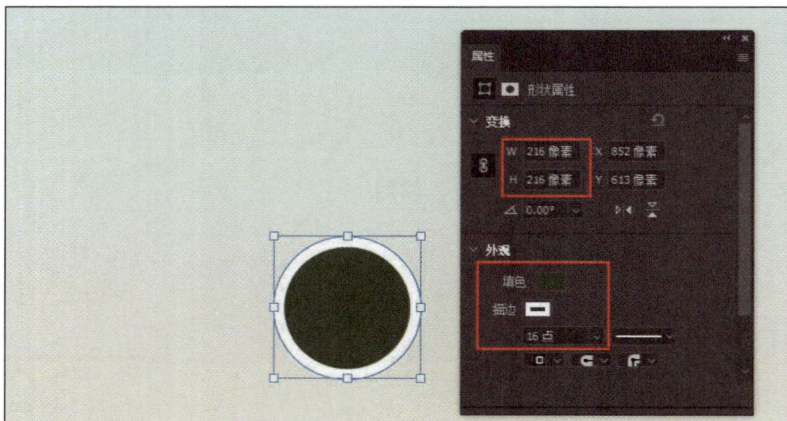

图 1-31　地球外形绘制

第二步，绘制地球的水平中心线与垂直中心线。

首先，设置辅助线（见图 1-32），使用移动工具或按快捷键"Ｖ"，从水平标尺和垂直标尺拖出 2 条辅助线放置在元素中心位置。

接下来，使用矩形工具沿水平辅助线绘制一个透明且描白边的矩形（见图 1-33）。使用移动工具，将矩形向上微移，使其正好位于地球水平中心线上。这一图层命名为"矩形"层。微移可用键盘上的上、下、左、右键来完成。

然后按"Ctrl"键的同时单击"地球外形"图层，将正圆作为选区。选择"选择—反选"命令，或按快捷键"Ctrl+Shift+I"进行反选。选择"矩形"层，单击鼠标右键，选择"栅格化图层"，并按"Delete"键删除"矩形"图层在圆形之外的部分，地球水平中心线（见图 1-34）绘制完成。复制水平中心线，选择"编辑—自由变换"命令，或使用快捷键"Ctrl+T"，单击鼠标右键，使其顺时针旋转 90 度，地球垂直中心线绘制完成。

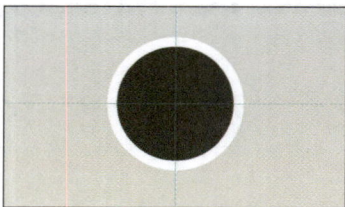

图 1-32　设置辅助线　　　　图 1-33　绘制矩形　　　图 1-34　地球水平中心线

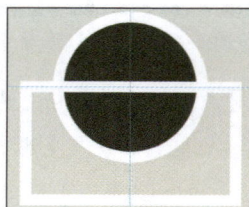

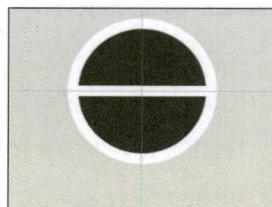

第三步，绘制地球经线。

首先，复制"地球外形"图层，设置填充颜色为透明，其他属性不变，使用移动工具使其右移 40 像素（见图 1-35）。

图 1-35　右移 40 像素

接下来，再次按"Ctrl"键的同时单击"地球外形"图层，将正圆作为选区。选择"选择—反选"命令，或按快捷键"Ctrl+Shift+I"进行反选。选择复制的"地球外形"图层，单击鼠标右键，选择"栅格化图层"，并按"Delete"键删除正圆之外的部分。选择"选择—取消选择"命令或按快捷键"Ctrl+D"，左侧经线绘制完成（见图 1-36）。

然后，复制该图层，将其进行水平镜像设置后放置在垂直辅助线的右侧。为了绘制得更精确，可选择使"地球外形"图层和此图层水平右对齐、垂直居中对齐。最后将其向左移动 40 像素，右侧经线绘制完成（见图 1-37）。

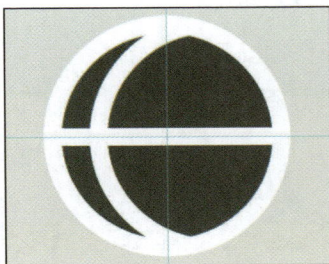

图 1-36　左侧经线绘制

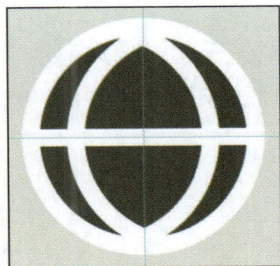

图 1-37　右侧经线绘制

第四步，绘制地球纬线。用同样的方法绘制上下两条纬线。复制"地球外形"图层，设置填充颜色为透明，其他属性不变，使用移动工具将其向上移动 154 像素（见图 1-38）。删除此图层中多余的部分，上部纬线绘制完成。复制此图层，设置垂直翻转，将翻转之后的图形与地球图形顶部对齐，将其向下移动 154 像素，下部纬线绘制完成（见图 1-39）。

图 1-38　向上移动 154 像素　　　　　　图 1-39　下部纬线绘制

※ 工匠精神：在图标绘制的过程中应做到精益求精。图标的每条线、每个形状都应严格按照设定的尺寸和距离进行绘制，精确到像素，否则将失之毫厘，谬以千里。

第五步，图层整理。将所有图层放在同一组中，将组命名为"地球"。

※ 实战技巧：在制作 Banner 图的过程中可能会用到很多图层。将图层整理成组，能有效地管理图层，缩小图层的占用空间，也更方便操作。

【实战解析三：图形拼接】

将手元素与树枝元素完美拼接，使其融为一体。

知识点

魔棒工具、移动工具、吸管工具、油漆桶工具、钢笔工具、图形作为选区载入、选区转化为路径、路径作为选区载入、图形镜像、图形对齐、成组、删除部分图形、增加图形、色彩调整、图形水平翻转。

✓ 效果描述

1. 为手元素去除背景、毛边，并将其放置在文件中。

2. 将手元素与树枝元素巧妙融合。

3. 将各图标元素拼接在树枝上。

🖼 效果展示

图形拼接完成后的效果如图 1-40 所示。

图 1-40　图形拼接完成后的效果

🛠 效果制作

↘ 一、抠像与镜像设置

第一步，抠像。选择"文件—打开"命令或使用快捷键"Ctrl+O"打开素材 1（手）文件。使用魔棒工具，或按快捷键"W"选择手元素。使用移动工具，或按快捷键"V"将手元素移动至文档中，并将其对应图层命名为"手元素"。

第二步，完善抠像效果。因为手元素边缘参差不齐，效果不佳，

扫一扫

微课做中学

所以选择"手元素"图层，按"Ctrl"键的同时用鼠标左键单击图层缩略图，将手元素作为选区。选择"路径"面板，从选区生成工作路径，再将路径作为选区载入。新建一个图层，使用吸管工具或按快捷键"I"吸取手元素的颜色。使用油漆桶工具或按快捷键"Alt+Delete"填充绿色。图形完善前后的效果如图 1-41 所示。

※ 工匠精神：在抠像的过程中，细节的完善至关重要。这不仅需要技术熟练，更需要耐心和细致地观察。通过不断地调整和完善，可以获得更加完美的效果，为整个视觉作品增色添彩。

第三步，镜像。复制"手元素"图层，选择"编辑—自由变换"命令，或使用快捷键"Ctrl+T"，设置水平翻转（见图 1-42）。调整元素至合适位置。

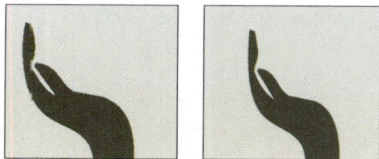

图 1-41　图形完善前后的效果

图 1-42　设置水平翻转

第四步，成组与居中。按"Ctrl"键的同时单击两个手元素图层，将两个图层同时选中并创建新组，将组命名为"手"。同时选择"手"组和"背景"图层，使用移动工具或按快捷键"V"，设置水平居中对齐。

↘ 二、拼图效果制作

第一步，拼接左侧图形。打开树枝素材，使用移动工具或按快捷键"V"将素材移动至文档中，将图层命名为"树枝"。调整其位置，使其与左侧手元素相接。

第二步，勾勒图形。使用钢笔工具或按快捷键"P"勾选出多余的图形。单击鼠标左键确定第一个锚点位置。在下个锚点位置上再次单击鼠标左键，且在不松开左键的情况下左右微移鼠标，在确认第二个锚点位置的同时调整曲线幅度。用同样的方法完成其他锚点位置及曲线幅度的设置。在使用钢笔工具勾勒路径时，可配合使用"Ctrl"键调整任意锚点的位置。也可在按"Alt"键的同时移动锚点一侧杠杆，调整锚点一侧曲线幅度，直至最后一个锚点与第一个锚点重合，勾勒图形曲线幅度至满意为止（见图 1-43）。

第三步，删除图形。单击鼠标右键建立选区。在"树枝"图层上按"Delete"键删除勾勒的图形。

第四步，增加图形。仔细观察图形的衔接处，发现需增加一小块图形使其衔接更自然。此时操作与第二步一致，使用钢笔工具勾勒增加的图形形状（见图 1-44），将其转换为选区。使用吸管工具或按快捷键"I"吸取手元素的颜色。使用油漆桶工具或按快捷键"Alt+Delete"填充选区。选择"选择—取消选择"命令，或按快捷键"Ctrl+D"取消选区。

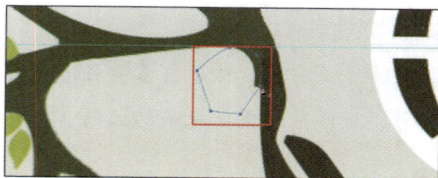

图 1-43　勾勒图形曲线幅度

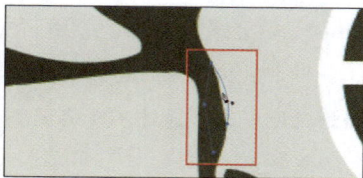

图 1-44　勾勒增加的图形形状

第五步，调整色彩。选择"树枝"图层，选择"图像—曲线"命令，或按快捷键"Ctrl+M"打开曲线编辑器（见图 1-45），向下拉动曲线，降低色彩明度，观察效果。

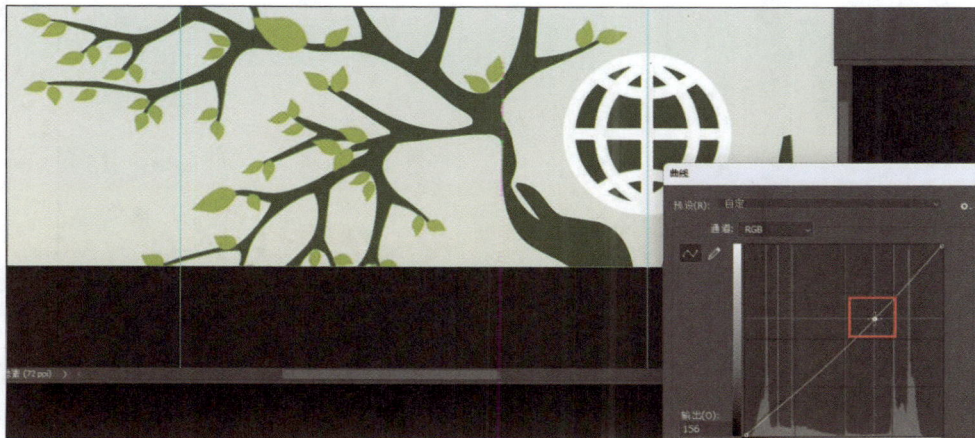

图 1-45　曲线编辑器

※ 工匠精神：使用钢笔工具勾勒出需要删除或增加的图形时，精确度和细节至关重要。精益求精的工作态度和分毫不差的精确度是确保拼接自然的关键。

第六步，拼接右侧图形。复制"树枝"图层，选择"编辑—自由变换"命令或按快捷键"Ctrl+T"，在图形中单击鼠标右键，添加水平翻转效果（见图 1-46）。将图形整体移动至合适位置，单击确认。整理图层，将其创建组并命名。

图 1-46　水平翻转

※ 创新精神：手元素与树枝元素拼接在一起，营造出低碳生活的氛围，并创造出具有强烈视觉冲击力的新图形。这样的创新设计不仅能吸引人们的关注，还能使宣传推广更具效果。创新精神将为个人和社会的发展开辟无限可能，创造更加广阔的前景。

第七步，添加图标元素（见图 1-47）。导入所有图标素材，改变其显示方式，选择"窗口—排列—全部垂直拼贴"命令。将所有图标素材放置在文档中，调整其位置和大小。在调整时切记将图标设置在安全区域内。按"Ctrl"键同时鼠标左键单击图标图层，选中所有的图标图层，将其创建组并命名。复制图标组并移动图标至合适位置，操作完成。

23

图 1-47　添加图标元素

【实战解析四：标题制作与氛围营造】

制作醒目标题，巧妙营造整体氛围。

知识点

文字工具的使用，图层样式、图层透明度和文件保存设置。

☑ 效果描述

1. 标题醒目端正，层次分明，突出主题。
2. 突出绿色、低碳的氛围。

🖾 效果展示

标题制作与氛围营造完成后的效果如图 1-48 所示。

图 1-48　标题制作与氛围营造完成后的效果

⚒ 效果制作

↘ 一、文本设置与图层样式设置

第一步，添加标题文字。使用文字工具在 Banner 图上方添加标题文字"低碳生活，你我同行"。将此文字图层命名为"标题"。选择粗犷、有力量感的字体，设置字体大小为 110 像素，将其设置为水平居中对齐。

第二步，添加内容文字。使用文字工具在标题文字的下方添加文本"低碳穿衣·低碳饮食·低碳居住·低碳出行·循环使用"。将此文字图层命名为"小文字"。选择醒目且端正的字体，设置字体大小为 30 像素，使此处的文字与标题文字形成层次感，并将其设置为水平居中对齐。

※ *法律意识：在设计商用 Banner 图时，字体的选择不仅要注重视觉效果，还必须谨慎考虑版权问题。使用未经授权的字体可能会引发版权纠纷，给企业或个人带来不必要的法律风险和经济损失。因此，设计师应当选择那些已经获得授权或可免费商用的字体，以确保作品的合法性和安全性。*

第三步，制作文字效果。选择"标题"图层，添加描边图层样式，设置"大小"为 2 像素，"位置"为外部，"颜色"为白色。添加投影图层样式（见图 1-49），设置"混合模式"为正片叠底，"颜色"为深红色，"角度"为 120 度，"距离"为 5 像素，"扩展"为 2%，"大小"为 5 像素。接下来制作内容文字的效果，在"小文字"图层下方绘制白色无边框矩形，并设置白色矩形与小字水平居中对齐和垂直居中对齐。

图 1-49　投影图层样式

※ *实战技巧：在设计 Banner 图时，美学法则的运用至关重要。以标题文字的设计为例，这里巧妙地运用了统一与变化的原则。标题文字与内容文字在色彩上保持统一，但在文字的字体、大小和效果上，突出对比和变化，从而增强设计的层次感和视觉冲击力。这不仅使作品更具艺术美感，且能更好地引导观众视线，增强信息的传达效果。*

二、作品整理与保存

为了进一步突出绿色、低碳的氛围，设置上方树枝效果（见图 1-50），复制多个树枝图层，依次调整这些图层的位置、大小和透明度，突出层次感。

图 1-50　设置上方树枝效果

为了呈现更好的视觉效果，精益求精地调整各个元素，直至满意为止。最后整理好各个图层，做好分组与命名，将文件保存为源文件 PSD 格式和项目所需的 JPEG 格式。

【实战解析五：效果发布】

在 PC 端和移动端发布预览效果。

知识点

导出 Web 所用格式。

效果描述

在 PC 端和移动端发布预览效果。

效果制作

一、PC 端发布

打开 PS，选择"文件—导出—存储为 Web 所用格式"命令，快捷方式为"Alt+Shift+Ctrl+S"。设置 Web 所用格式参数（见图 1-51），设置"预设"为 JPEG 高，"格式"为 HTML 和图像。此时会生成一个 images 文件夹和一个 HTML 文件。双击 HTML 文件，可在浏览器中预览 Banner 图效果。

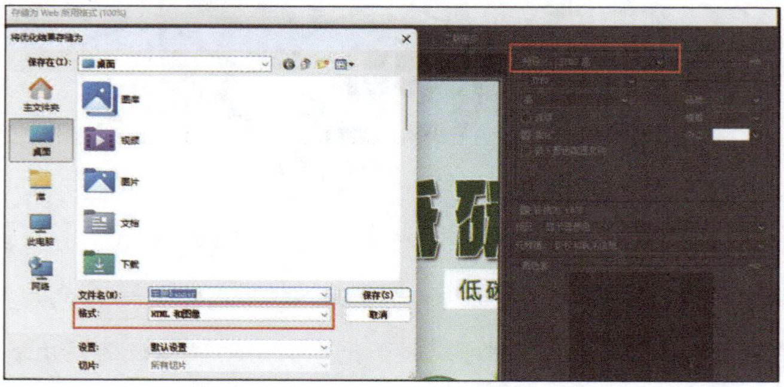

图 1-51　设置 Web 所用格式参数

↘ 二、移动端发布

移动端发布主要是指将 Banner 图用于公众号等的文章封面设置。在 PC 端打开微信公众平台的官方网站。登录进入公众号的管理页面，单击"图文消息"按钮，进入图文消息的编辑页面，在正文编辑完成后，将页面往下拉，会出现封面的设置区域，单击"拖拽或选择封面"按钮，再单击"从图片库中选择"按钮，将制作好的 Banner 图上传到图片库中，发布后即可看到 Banner 图作为文章封面图片的效果。

实战项目三　AI图片处理与生成

【学习目标】

1. 掌握 AI 无损放大图片的方法和技巧。
2. 掌握 AI 一键消除图片背景的方法和技巧。
3. 掌握 AI 智能文生图的方法和技巧。

【实战效果】

通过 AI 技术完成无损放大图片、一键消除图片背景及智能文生图的相关操作。

【实战要求】

1. 图片放大一定的倍数后，依旧要保持一定的清晰度。
2. 图片背景消除后无背景元素残留。
3. 文生图的效果与关键词描述基本匹配。

【实战准备】

1. 准备一张小尺寸的位图，观察其放大数倍后的清晰度变化。

2. 准备一张需要消除背景的人物或物体图片，建议选择背景较复杂的图片。

3. 思考你准备文生图的关键词，并且记录下来。

备注：建议自备素材，如不具备条件，可使用本书提供的素材进行实战学习。

扫一扫

微课做中学

【实战解析】

↘ 一、AI 无损放大图片

一般情况下，位图在正常尺寸下经过放大就会变得模糊，放大倍数越高，图片清晰度越低。

如果希望在放大位图的情况下，保证图片的清晰度，借助最新的 AI 深度学习技术就能够实现。这一技术利用了深度卷积神经网络的强大能力，精准地识别和补充图片中的噪点与锯齿部分，从而确保图像质量在放大过程中不受损。通过这种先进的处理方式，图片的清晰度能得以保持，细节表现也更加出色。

打开 Bigjpg 官方网站首页（见图 1-52），单击"选择图片"按钮，选择需要处理的图片进行上传。

图片上传完成后，单击图片右侧的"开始"按钮，会弹出"放大配置"的页面，需要针对"图片类型""放大倍数""降噪程度"进行设置，设置完成后，单击右下角的"确定"按钮。"放大配置"页面如图 1-53 所示。

图 1-52　Bigjpg 官方网站首页　　　　　图 1-53　"放大配置"页面

等待片刻后，图片即可进行下载。通过对比可以发现，放大 4 倍后的图片的清晰度几乎没有变化，实现了无损放大。放大前后的效果对比图如图 1-54 所示。

图 1-54　放大前后的效果对比图

↘ 二、AI 一键消除图片背景

以往要消除图片的背景，需要用到 PS 等专业软件，如果背景复杂，操作也会相对烦琐。

目前，AI 技术已经能够实现一键消除图片背景了，例如 removebg 平台。打开 removebg 官方网站首页（见图 1-55），单击"上传图片"按钮，选择需要处理的图片进行上传。

图 1-55　removebg 官方网站首页

等待片刻，图片背景消除操作即可完成。原始图片如图 1-56 所示，消除背景后的操作页面如图 1-57 所示。

图 1-56　原始图片

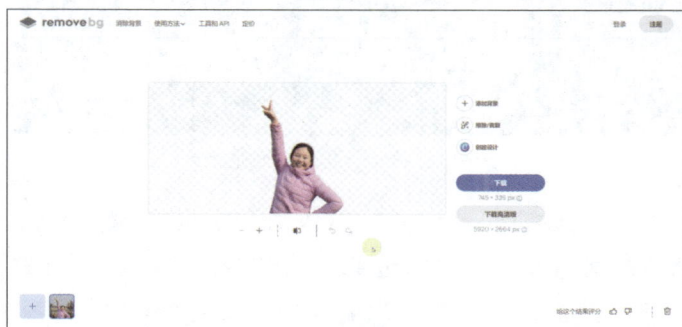

图 1-57　消除背景后的操作页面

在操作页面的右侧，可以选择"添加背景""擦除／恢复""创建设计"等按钮进行下一步操作，其中"添加背景"的操作可以将原有的图片背景转变成其他系统自带的背景或者是自己上传的背景。如果不需要其他操作，可以单击"下载"按钮将图片下载到本地。替换背景的操作页面如图 1-58 所示。

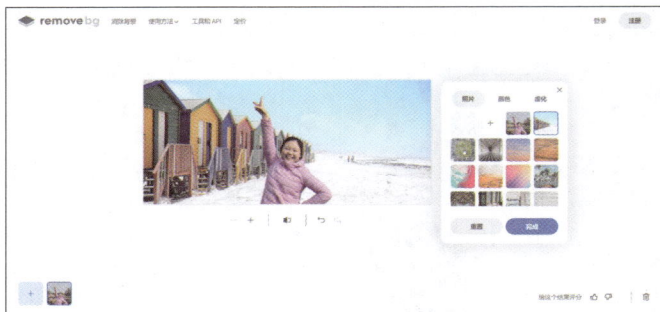

图 1-58　替换背景的操作页面

※ 职业道德：一般 AI 处理图片的操作都是在线上平台进行的，如果上传的是照片，不管是自己的还是他人的照片，都难免会有对隐私问题的担忧。建议在相应操作完成后，在页面左下角先选择图片，然后再单击页面右下角的"删除选定项"图标，将图片删除，可在一定程度上保护隐私安全。

三、AI 智能文生图

AI 智能文生图的平台较多，国内目前比较好用的平台是文心一格，打开其官方网站，注册登录后才能正常使用该网站的功能。文心一格官方网站首页如图 1-59 所示。

图 1-59　文心一格官方网站首页

在页面下方单击"海报创作"按钮，进入操作页面进行设置，第一步设置"排版布局"，需要确定是竖版还是横版布局，以及主体位置；第二步设置"海报风格"，目前可选的风格只有"平面插画"；第三步输入"海报主体"关键词，关键词之间用空格或者中文逗号隔开；第四步输入"海报背景"关键词；第五步选择生成图片的数量，确定后单击"立即生成"按钮，此时页面中间就会出现对应的图片预览效果。海报创作操作页面如图 1-60 所示。

演示效果中输入的"海报主体"关键词为"一条中国龙，眼神坚毅与温馨，未来主义，原画，赛博朋克，水彩，超宽视角"，"海报背景"关键词为"中国年的背景"。如果对生成的图片不满意，可以继续单击"立即生成"按钮或者调整关键词等设置后再次生成图片。关键词输入及效果预览如图 1-61 所示。

图 1-60　海报创作操作页面

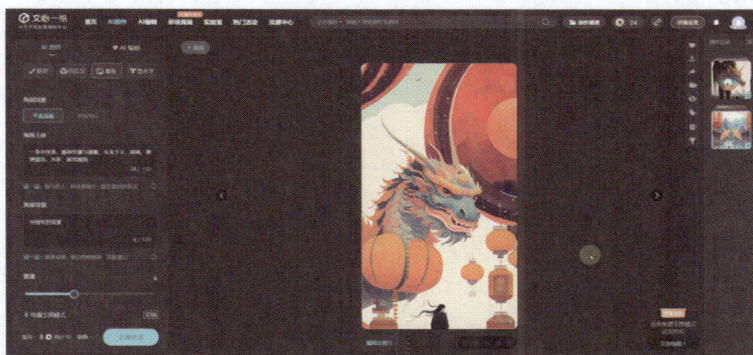

图 1-61　关键词输入及效果预览

※ 实战技巧：生成满意的图片后，可以单击下方的"编辑本图片"按钮继续操作，也可以单击页面右侧的下载图标下载图片。但是部分浏览器不会弹出下载窗口，而是直接在浏览器中打开图片，这时在打开的图片上单击鼠标右键，然后单击"图片另存为"按钮，即可弹出下载窗口。"图片另存为"页面如图 1-62 所示。

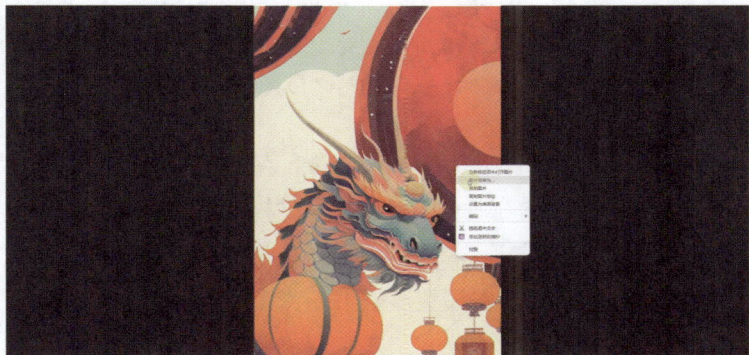

图 1-62　"图片另存为"页面

实战总结

1. 项目一从公众号发布文章的规范出发，对图片进行裁剪、尺寸调整、色彩调整等处理，设置合适的导出格式、使用 AI 优化文件大小，并通过单图、多图组合、GIF 动图 3 种形式丰富视觉效果，完成公众号发布文章项目。

💡 **反思**

裁剪工具、图像大小、自由变换、缩放工具都可以调整图片大小，它们之间有什么不同呢？将你的思考结果与表 1-2 进行对比，并在实践中验证。

表 1-2　调整图片大小的方式对比表

尺寸与场景	裁剪工具	图像大小	自由变换	缩放工具
文件尺寸	改变	改变	不变	不变
图片尺寸	用裁剪工具增加画布面积，图片尺寸不变；用裁剪工具缩小画布面积，图片尺寸变小	改变	改变	不变
使用场景	放大或缩小文件尺寸，图片裁剪	文件尺寸和图片尺寸等比例调整	文件尺寸不变，只改变图片大小	视觉上缩小放大，便于整体观察

2. 项目二围绕 5 个核心环节展开实战，包括制定严谨的制作规范、精细绘制各类元素、实现图形的无缝拼接、打造醒目的标题及巧妙营造整体氛围、效果发布，通过一系列实战操作，确保主题 Banner 图在 PC 端和移动端均能呈现出最佳的展示效果，保证用户体验。

💡 **反思**

本项目涉及的操作方法并非唯一，采用多种方法均可达到预期效果。例如，在实现渐变背景效果、绘制元素、拼接图形及营造氛围等方面，都有多种方法可选择，可以尝试进行创新，探索不同的制作路径，以取得更佳的项目效果。

3. 通过项目三的实战，掌握了以下知识和技能：AI 无损放大图片的方法和技巧，包括 "图片类型" "放大倍数" "降噪程度" 的设置等；AI 一键消除图片背景的方法和技巧，包括 "添加背景" "擦除 / 恢复" 等；AI 智能文生图的方法和技巧，包括 "排版布局" "海报风格" "海报主体" "海报背景" 的设置及图片保存等。

💡 反思

在AI浪潮席卷全球的当下，我们如何有效应对这一技术革命带来的种种挑战与机遇？

学习测试互动

读者可以扫描二维码，参与本模块的学习测试自评。另外，读者还可以加入人邮学院平台本课程的学习，在"问答"区进行讨论、互动交流（见图 1-63）。

图 1-63

学习测试自评

实战训练

1. "人间烟火气，最抚凡人心！"请使用图文并茂的形式，将你家乡的传统美食，通过单图、多图组合和 GIF 动图的形式，发布在公众号上，弘扬家乡传统文化。

2. 低碳生活要求人们树立全新的生活观和消费观。从低碳出行、低碳居住、低碳饮食、低碳穿衣、循环使用 5 个方面中任选其一，进行分析调研，了解具体实施方案，设计主题 Banner 图，并在 PC 端和移动端进行宣传推广。

3. 使用若干张图片进行 AI 无损放大图片的操作，在操作过程中观察不同图片类型的处理效果及不同设置下的处理效果，并把你的观察结果记录下来。

4. 使用若干张图片进行 AI 一键消除图片背景的操作，在操作过程中观察不同背景图片的处理效果，把你的观察结果记录下来，并尝试进行替换背景等操作。

5. 使用不同的关键词和设置进行 AI 智能文生图操作，在操作过程中观察使用不同关键词和设置生成的图片效果，并把你的观察结果记录下来。

模块二
融媒体视频制作实战

岗课赛证

➤ 岗位：全媒体运营师、新媒体运营师、视频剪辑师等。

➤ 课程：融媒体视频制作实战、短视频项目制作实战等。

➤ 竞赛：全国职业院校技能大赛融媒体内容策划与制作赛项、金砖国家职业技能大赛数字媒体交互设计赛项、全国行业职业技能竞赛广告设计师赛项等。

➤ 证书：1+X 融媒体内容制作职业技能等级证书、1+X 新媒体编辑职业技能等级证书、1+X 数字影像处理职业技能等级证书等。

项目背景

随着中国传统节日春节的临近，人们开始忙碌起来，准备各种年货，迎接新年的到来。在这个背景下，某融媒体企业决定创作以"过年啦"为主题的系列短视频，包含《过年变装秀》《年·味》《新年照片祝福》3 条短视频。

扫一扫

项目背景

短视频以真实自然的风格为主，还原中国传统节日的氛围，同时加入一些幽默元素，使整个短视频更加生动有趣，通过展示中国传统年俗文化，让观众了解和感受过年的氛围和意义，同时传递家庭团聚、亲情友情的价值观，传承和弘扬中华优秀传统文化，增强文化自信。

软件选择

扫一扫

软件选择

制作短视频的软件比较多，有入门级别的剪映、快影、必剪等，有专业级别的 Premiere、Vegas、AE、达芬奇等。其中，比较容易上手的是剪映。剪映是抖音官方推出的剪辑工具，其主打的是"轻而易剪"，优点是全能免费、三端（计算机、手机、平板电脑）互通及素材丰富，还有 AI 加持。

在官方网站中可以下载剪映的 PC 端专业版本，在手机或平板电脑的应用商店中可以下载剪映的移动端版本，PC 端版本和移动端版本的功能大同小异，但是因为 PC 端版本相比于移动端版本有着更大的屏幕、更加便捷的特性，因此本模块中使用的软件主要指剪映 PC 端专业版本（本模块中未特别注明的剪映均指此版本）。

实战项目一《过年变装秀》

【学习目标】

1. 掌握修改项目名称的方法。
2. 掌握裁剪视频的两种方法。
3. 掌握视频变速的操作方法。
4. 掌握添加滤镜、文本和贴纸的方法。
5. 掌握使用 AI 技术进行美颜美体的方法。
6. 掌握添加和调整音频的方法。
7. 掌握导出视频的方法。

【实战效果】

制作一条名为《过年变装秀》的短视频，截图如图 2-1 所示。

扫一扫

《过年变装秀》
短视频

图 2-1 《过年变装秀》截图

【实战要求】

1. 在剪辑过程中，要保持视频的流畅性和连贯性，确保画面切换自然、节奏紧凑。

2. 根据需要添加视频效果，以增强视频的氛围，但要注意适度使用，避免过度夸张或失真。

3. 根据需要添加音频，以增强视频的氛围和情感表达，但要注意音频与视频的匹配度及音量大小，避免喧宾夺主。

【实战准备】

1. 拍摄 1 段穿着工作装的视频。

2. 拍摄 1 段穿着家庭装的视频。

3. 第 1 段视频的结束和第 2 段视频的开头之间要有一个前后衔接的动作，比如穿着工作装的视频的结尾有一个伸手挡住镜头的动作，穿着家庭装的视频的开头就要有一个从镜头前收手的动作。

备注：建议自备素材，如不具备条件，可使用随书素材进行实战学习。

【实战解析】

↘ 一、修改项目名称

打开剪映，单击"开始创作"按钮，首先修改项目名称。在软件页面的顶部找到显示当前日期的位置，单击日期就可以修改项目名称。修改项目名称的页面如图 2-2 所示。

扫一扫

微课做中学

图 2-2 修改项目名称的页面

※ 工匠精神：项目名称的修改经常被新手忽略，但实际上它具有非常重要的意义，对于后续的项目修改和备份来说，它是不可或缺的一环。因此，建议每次创建新项目后，第一时间修改项目名称，做到一丝不苟，养成良好的习惯。

↘ 二、导入视频素材

导入视频素材，需要单击素材面板中的"导入"按钮，选择之前拍摄的穿着工作装的视频，这时可以看到素材区已经出现了视频的预览图，将鼠标指针放在该预览图上，按住鼠标左键将其拖动至时间线区域，松开鼠标左键，这时可以看到时间线上出现了刚刚导入的视频素材。导入视频素材的页面如图2-3所示。

图2-3 导入视频素材的页面

三、裁剪视频（拖动法）

视频导入成功后，拖动白色标线快速预览整段视频，可以发现只需要用到视频素材的前半部分（手挡住镜头之前的部分），后半部分视频是不需要的，这就需要通过裁剪操作来删除后半部分。视频的裁剪有多种方法，这里使用拖动法。把鼠标指针移动到视频时间线的最右端，然后按住鼠标左键，从右往左拖动，在需要裁剪的位置松开鼠标左键，即可完成视频的裁剪操作。裁剪完成后可以单击预览区的"播放"按钮查看是否裁剪成功。视频素材的裁剪操作页面如图2-4所示。

图2-4 视频素材的裁剪操作页面

※ 工匠精神：在进行裁剪操作时，要注重细节，精益求精，力求完美。这需要我们耐心、专注、追求卓越，让作品更加精彩。

四、视频变速（曲线变速）

接下来进行视频的变速操作。预览视频，会发现整段视频是匀速播放的。为了做出

37

更好的视频效果，有两个地方要调整，第一个是手拨弄头发的动作要做慢速处理，第二个是手挡镜头的动作要做快速处理。选择视频，然后单击右侧功能面板上方的"变速"按钮。变速有两种操作，第一种是常规变速，是指使整段视频变速；第二种是曲线变速，它可以对视频的不同部分进行不同的变速操作。变速操作面板如图2-5所示。

图 2-5　变速操作面板

选择"曲线变速"，观察发现，曲线变速有很多选项，当前效果需要选择"自定义"变速。单击"自定义"选项，可以看到下方的面板中出现了一个从左至右的箭头及对应的3个点，这个箭头往上代表加速，往下代表减速，中间的点代表调整视频位置的时间关键点。关键点是系统默认的，需要通过拖动视频的时间线来调整关键点的位置。

拖动视频的时间线，使其停在人物的手举到脖子下方的位置，这个时间点需要一个关键点，把系统默认的第一个关键点调过来。继续拖动视频的时间线，使其停在人物的手拨弄头发结束的位置，这个时间点也需要一个关键点，把系统默认的第二个关键点调过来。继续拖动视频的时间线，使其停在人物的另外一只手抬起的位置，把系统默认的第三个关键点调过来。

关键点设置好以后，就可以进行速度的调整。找到第一个关键点，往下调整箭头；找到第二个关键点，也往下调整箭头，使其和第一个关键点对应的箭头保持在同一个水平位置（相同的减速处理）；找到第三个关键点，往上调整箭头；最后找到箭头的结束点，也往上调整箭头，使其和第三个关键点对应的箭头保持在同一个水平位置（相同的加速处理）。

在面板底部还有一个很重要的功能，叫作"智能补帧"，这是一个很强大的功能，它会让变速效果更加流畅，正常情况下请务必手动勾选。

上述"自定义"变速的操作如图2-6所示。

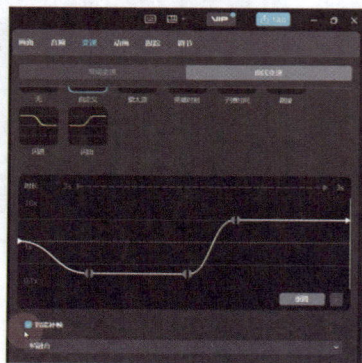

图 2-6　"自定义"变速的操作

↘ 五、添加滤镜

速度调整好后，就要对视频添加滤镜。滤镜可以烘托氛围，增强整体的画面感。在素材库上方的按钮区找到"滤镜"选项，可以看到非常多的滤镜效果。视频整体偏暗，因此需要添加一个整体的画面增白的效果。在左侧的列表中选择基础选项，在右侧找到"净白"滤镜，可以单击滤镜观看视频的实时效果。如果觉得合适，在选择的滤镜上按住鼠标左键，然后将其往下拖动到时间线上的视频位置，松开鼠标左键，此时就可以通过播放器播放视频，观看滤镜是否添加成功。添加滤镜操作页面如图2-7所示。

图2-7 添加滤镜操作页面

※ 实战技巧：如果觉得在时间线上操作起来不够方便，可以选择时间线右上角的时间线缩放功能按钮来调整时间线的区域大小，这样可以有效提升操作的便利度。时间线区域调整页面如图2-8所示。

图2-8 时间线区域调整页面

六、添加文本

接下来为视频的顶部添加1段文本，并使其具备一定的显示效果。在素材库上方的按钮区找到"文本"选项，选中以后是默认的文本效果，这个效果比较一般，建议在左侧找到"文字模板"选项，通过软件自带的模板来制作文字效果，这会为视频增色不少。

在文字模板中找到"美哭"效果，这是一个动态文字效果，单击可以观看视频的实时效果。如果觉得合适，在选择的文字模板上按住鼠标左键，然后将其拖动到时间线上的视频位置，松开鼠标左键，文字效果添加成功。添加文字效果的页面如图 2-9 所示。

图 2-9　添加文字效果的页面

添加效果后需要修改文字的内容，可在播放器中选中文字，在右侧的功能面板区找到第 1 段文字的文本框，删除其中的原有文字，输入文字"上班美美"。在文字下方可以调整文字的属性，比如字体、样式、颜色、排列等，可以按需调整。

文字内容修改好后再调整文字在视频中的位置，在播放器中选中文字，然后按住鼠标左键来进行拖动操作，将文字调整到合适的位置。

※ 实战技巧：操作过程中可能会出现播放器中的文字无法被选中的问题，可以通过单击时间线上的文字条来选中文字。

拖动时间线上文字条的右侧，使其持续时间停留在视频时间线上合适的位置（视频中人物的手拨弄头发结束的位置），调整完成后可以通过播放器播放视频，观看效果是否调整成功。调整文字条的时间线页面如图 2-10 所示。

图 2-10　调整文字条的时间线页面

↘ 七、添加贴纸

接下来要完成的操作是添加贴纸。所谓"贴纸"，就是图形元素。当前视频是一个以过年为主题的视频，需要添加一些过年相关的图形元素来进行气氛的烘托，这正是贴纸大展拳脚的时刻。

选择素材库上方的按钮区的"贴纸"选项，可以看到有很多有趣的贴纸。一个个查找过于麻烦，可以利用搜索功能来快速找到想要的贴纸。在上方的搜索栏中输入关键词"过年鞭炮"，在搜索结果中寻找符合主题的贴纸，单击可以观看贴纸的动画效果。如果觉得合适，在选择的贴纸上按住鼠标左键，然后将其拖动到时间线上的视频位置，松开鼠标左键，鞭炮贴纸添加成功。添加贴纸后，可以观察到时间线上出现了3个轨道，分别是视频轨道、文字轨道和贴纸轨道，这种分轨道的设置对于视频编辑是非常方便和高效的。添加"鞭炮"贴纸的页面如图2-11所示。

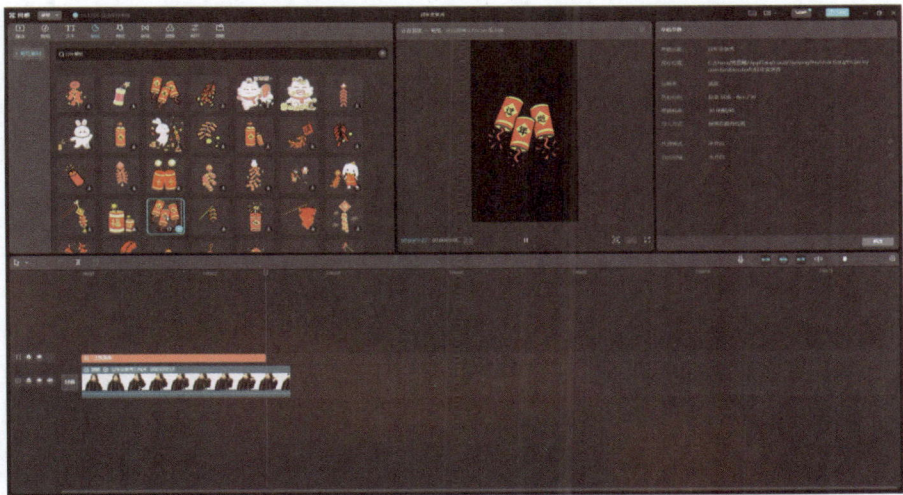

图 2-11　添加"鞭炮"贴纸的页面

※ 实战技巧：如果看到自己喜欢的文字、贴纸等素材，可以单击素材下方的心形图标进行效果收藏，这样下次打开对应的按钮面板，收藏的素材会置顶显示，能省去一个个查找的麻烦，可以有效提高工作效率。

除了鞭炮，还可以添加其他与过年相关的元素。继续在上方的搜索栏中输入关键词"过年"，可以搜索与生肖动物相关的元素，这里以"兔"元素贴纸为例，单击可以查看相应贴纸的动画效果。如果觉得合适，在选择的贴纸上按住鼠标左键，然后将其拖动到时间线上的视频位置，松开鼠标左键，贴纸添加成功，此时可以发现，新的贴纸在时间线上也占用了一个独立的轨道。添加"兔"元素贴纸如图2-12所示。

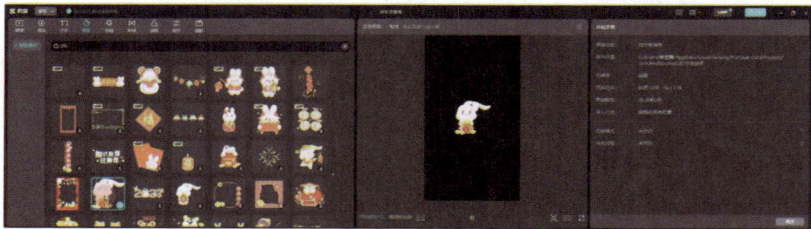

图 2-12　添加"兔"元素贴纸

　　贴纸添加完成后，下一步就需要将其移动到视频中合适的位置。在播放器中选中"兔"元素贴纸，按住鼠标左键来进行拖动操作，把它移动到视频文字"上班美美"的右边。通过观察，发现贴纸过大，影响了视频的整体布局，需要调整贴纸的大小。因此，在播放器中选中"兔"元素贴纸，通过贴纸四周的句柄进行缩放操作。如果在播放器中操作不方便，还可以通过播放器右侧的贴纸功能面板进行精准的缩放操作。运用同样的方法调整"鞭炮"贴纸的位置及大小，调整完成后可以通过播放器播放视频，查看是否调整成功。贴纸的位置及大小调整页面如图 2-13 所示。

图 2-13　贴纸的位置及大小调整页面

　　至此，第 1 段视频素材基本编辑完成。

↘ 八、裁剪视频（分割法）

　　开始第 2 段视频的编辑。单击按钮区的"媒体"选项，按照之前的操作单击"导入"按钮，选择之前拍摄的穿着家庭装的视频，导入成功后再把它拖动到时间线中（紧贴第 1 段视频的时间线）。

　　视频导入成功后，拖动白色标线快速预览整段视频，可以发现只需要视频的后半部分（手挡住镜头之后的部分），前半部分是不需要的，这就需要通过裁剪操作来删除视频的前半部分。之前学习过视频裁剪的"拖动法",接下来学习另外一种视频裁剪的方法:"分割法"。

先拖动时间线,找到需要裁剪的位置,再在时间线的上方找到"分割"按钮,单击"分割"按钮,视频就被分割成了两段,然后右前面这段视频上单击鼠标右键并选择删除,视频的裁剪操作就完成了。拖动时间线预览第1段和第2段视频是否衔接流畅,如果不流畅,继续调整到流畅为止。视频裁剪操作(分割法)如图2-14所示。

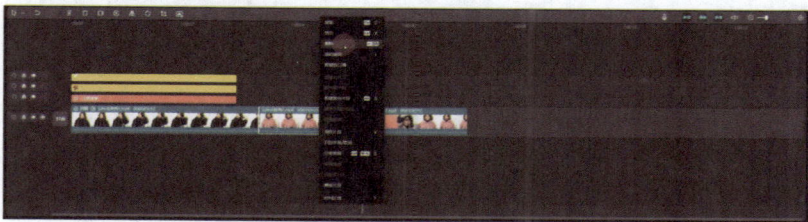

图2-14 视频裁剪操作(分割法)

※ 工匠精神:如果裁剪时出现了错误,请不要担心,可以使用快捷键"Ctrl+Z"来撤销你的操作。需要注意的是,快捷键"Ctrl+Z"一次只能撤销一步操作,如果你想要撤销多步操作,需要按相应的次数。同时,请注意不要过于频繁地使用撤销操作,以免影响工作效率。如果撤销过多,你也可以使用快捷键"Ctrl+Y"来恢复你的操作。在软件操作过程中,要保持耐心和专注,培养"耐得烦"的工匠精神。

↘ 九、视频变速及添加各种效果

首先,用与前文相同的方法进行自定义变速操作。第2段视频的变速操作如图2-15所示。

图2-15 第2段视频的变速操作

其次，用与前文相同的方法添加"古都"滤镜，与第 1 段视频在风格上形成鲜明的对比，再用同样的方法添加"过年变装"的文本效果及拥有过年气氛的边框贴纸。为第 2 段视频添加各种效果如图 2-16 所示。

图 2-16　为第 2 段视频添加各种效果

↘ 十、AI 美颜美体

如果希望对视频中的人物形象进行调整，可以选中需要调整的视频，然后在右侧的功能面板中找到"美颜美体"按钮，点击后就可以进行美颜（如匀肤、磨皮、祛法令纹、祛黑眼圈、美白、白牙）、美型、手动瘦脸、美妆、美体等一系列 AI 美颜美体操作，如图 2-17 所示。

图 2-17　AI 美颜美体操作

※ 行业前沿：随着 AI 技术的日益强大，人们在屏幕前展现的形象越来越不真实，你是怎么看待这种现象的？

↘ 十一、添加和调整音频

好的视频需要背景音乐的烘托，接下来讲解音频的添加和调整。系统自带了很多音频，选择素材库上方的按钮区的"音频"选项，在上方的搜索栏中输入关键词"过年"，在搜索结果中寻找符合主题的音频，如《过年啦（童声版）（剪辑版）》，将鼠标指针放在音频上并保持不动就可以听到实时效果。添加音频操作如图 2-18 所示。找到符合视频氛围的音频，按住鼠标左键，把它拖动到时间线上视频的下方，会自动生成一个音频轨道，在音频轨道中可以看到音频的波形图。

图 2-18　添加音频操作

将音频拖到时间线上后，会发现音频的时间线长度远远超过了视频的时间线长度，这会导致视频播放完后音频还会继续播放，这时可以使用在视频裁剪中学到的"分割法"来裁剪音频（见图 2-19）。先拖动时间线，找到需要裁剪的位置，再在时间线的上方找到"分割"按钮，单击"分割"按钮，音频就被分割成了 2 段，然后在后面一段的音频上单击鼠标右键并选择"删除"，裁剪操作就完成了。

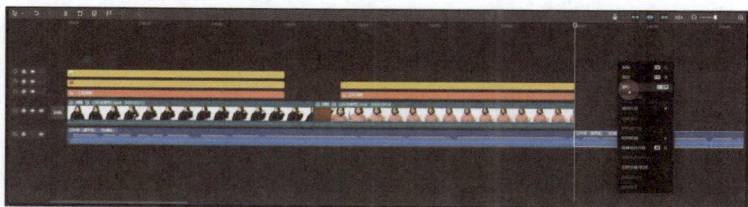

图 2-19　裁剪音频

播放视频，会发现声音结束得有些突兀，此时可以通过调整音频效果解决这个问题。找到播放器右侧的音频功能面板，再找到"淡出时长"选项。所谓"淡出"，就是指音频的音量逐步变小直至消失，而不是突然消失，这样就不会显得突兀。将"淡出时长"调整为 1.0s，会发现时间线上的音频末端出现了一个弧形的变化，再次播放视频，音频结束不显得突兀即可，如果不行，继续调整"淡出时长"直至合适。调整音频的淡出效果页面如图 2-20 所示。

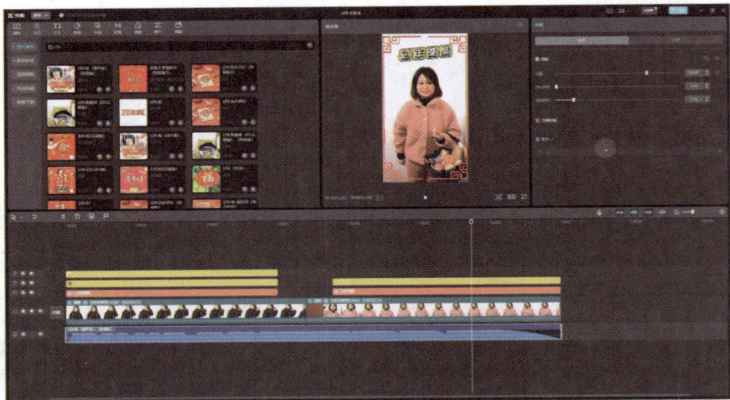

图 2-20　调整音频的淡出效果页面

↘ 十二、导出视频

经过一系列的操作，《过年变装秀》就制作完成了。将时间线上的白色标志拖动到视频的最左侧，通过播放器观看完整的视频，如果发现有问题，就继续调整直至问题解决；如果没问题，就可以进行视频的导出操作。

在功能面板的右上角单击"导出"按钮，会弹出"导出"设置面板，在此可以对视频进行各种导出设置，包括作品名称和保存路径等设置，其中最重要的设置之一就是视频的分辨率，一般的视频导出分辨率要求设置成 720P 或以上，如果没有限制，建议设置成常用的 1080P，而其他的设置，如码率、编码、格式、帧率在没有特殊要求的情况下可以保持不变。设置完成后，单击右下角的"导出"按钮，等待片刻会显示导出成功。如果有需要，还可以选择将视频发布到不同的互联网平台；如果没有需要，直接单击"关闭"按钮即可。视频的导出设置如图 2-21 所示。

图 2-21　视频的导出设置

※ 实战技巧：视频分辨率指的是视频在一定区域内包含的像素点的数量。常见的分辨率包括 720P、1080P 和 4K 等。720P 的分辨率为 1280 像素 ×720 像素，1080P 的分辨率为 1920 像素 ×1080 像素，而 4K 的分辨率为 3840 像素 ×2160 像素。在显示设备支持的情况下，视频分辨率越高，画面越清晰。推荐使用 1080P 的分辨率，是因为大部分主流的显示设备都支持 1080P 及以上的分辨率，不推荐使用 4K 的分辨率，是因为 4K 视频会占用很大的存储空间，并导致网络播放时消耗较多流量。不过，随着未来技术的进步和硬件设备的升级，特别是我国在 6G/7G 技术上的自主创新，4K 分辨率必将逐渐成为主流。

实战项目二《年·味》

【学习目标】

1. 掌握音频分离的方法。
2. 掌握视频旋转、缩放和常规变速的方法。
3. 掌握视频多轨道叠加调整的方法。
4. 掌握视频色彩调整的方法。
5. 掌握添加转场效果的方法。
6. 掌握添加蒙版和动画效果的方法。
7. 掌握定格操作的方法。
8. 掌握添加贴纸动画和文本动画的方法。
9. 掌握添加片尾效果和背景音乐的方法。

【实战效果】

制作一条名为《年·味》的短视频，截图如图 2-22 所示。

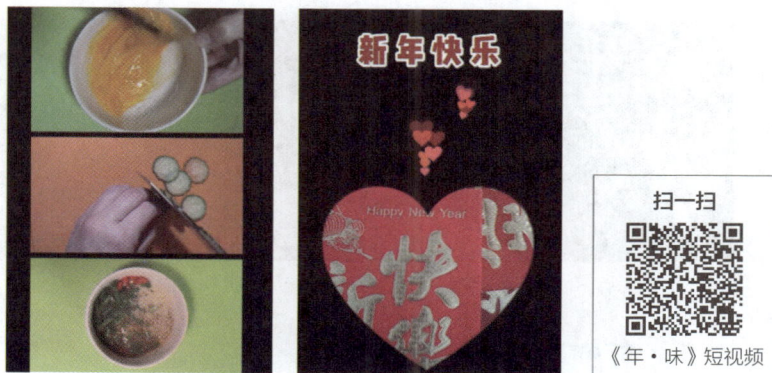

扫一扫

《年·味》短视频

图 2-22　《年·味》截图

【实战要求】

1. 在剪辑过程中，要保证视频的流畅性和连贯性，确保画面切换自然、节奏紧凑，注意变速、转场、定格等效果的合理运用。

2. 根据需要添加视频修饰和动画，以增强视频的氛围和视觉效果，但要注意适度使用，避免过度夸张或失真。

3. 根据需要添加音频，以增强视频的氛围和情感表达，但要注意音频与视频的匹配度及音量大小，避免喧宾夺主。

【实战准备】

1. 拍摄 6 段不同的短视频。

2. 视频内容与年味相关。

3. 视频内容可以根据自己的需要拍摄，也可以参考本项目的示例进行拍摄，示例的 6 段视频内容分别为：打蛋、切黄瓜、泼油、揭锅盖、撒芝麻、发红包。

扫一扫

微课做中学

备注：建议自备素材，如不具备条件，可使用随书素材进行实战学习。

【实战解析】

↘ 一、音频分离

导入第 1 段视频"打蛋"，将其拖动到时间线中，预览视频会发现录制视频的时候把声音也录制进去了，但实际上这个声音是不能出现的，此时可以通过分离音频的方法来删除声音。

在时间线的视频轨道上单击鼠标右键，选择"分离音频"命令，音频就会被分离到视频轨道下方的音频轨道中，再在音频轨道上单击鼠标右键，选择"删除"命令，原有视频的声音就被删除了，实现了静音效果。分离并删除音频如图 2-23 所示。

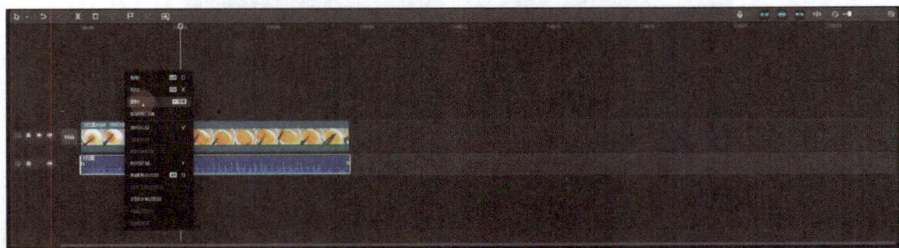

图 2-23　分离并删除音频

↘ 二、视频旋转、缩放和常规变速

本项目的效果需要将前 3 段视频放在同一个画面中并从上至下水平摆放，但是视频

画面却是垂直的，这就需要通过旋转操作来调整视频的画面显示方式。在时间线上单击视频，在右侧的功能面板中找到"旋转"选项，将数值调整为90°，也就是将视频从垂直画面旋转成水平画面。视频旋转如图2-24所示。

图 2-24　视频旋转

视频旋转完成后，通过预览会发现视频画面超出了显示区域，这样会导致部分视频内容无法被完整地看到，这就需要通过视频的缩放功能来进行调整。在播放器中单击视频画面，视频的四周就会出现4个缩放句柄，在句柄上按住鼠标左键移动就可以进行视频的等比例缩放操作。将视频调整到主体内容能够正常显示后，松开鼠标左键即可完成操作。视频缩放如图2-25所示。

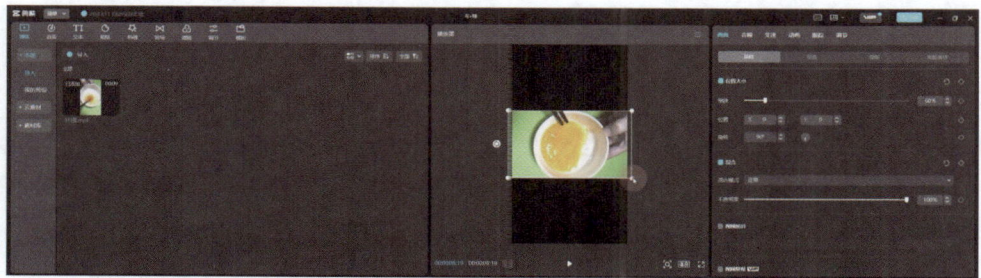

图 2-25　视频缩放

接下来进行视频速度的调整。上一个项目中介绍了"曲线变速"的操作，在这个项目中介绍"常规变速"操作，目标是使整段视频的播放速度发生变化。在时间线上单击视频，在右侧的功能面板中找到"变速"选项，在"常规变速"的下方面板中，将"倍数"调整为3.5x，也就是视频正常播放速度的3.5倍，预览效果是否成功。视频常规变速如图2-26所示。

※ 实战技巧：大家是否曾经观察到，当我们改变视频的播放速度时，视频的播放时长也会随之改变？这一点特别需要注意，因为这可能会导致多个视频之间不同步。为了避免这种情况，在调整视频速度之后，要确保解决同步问题。

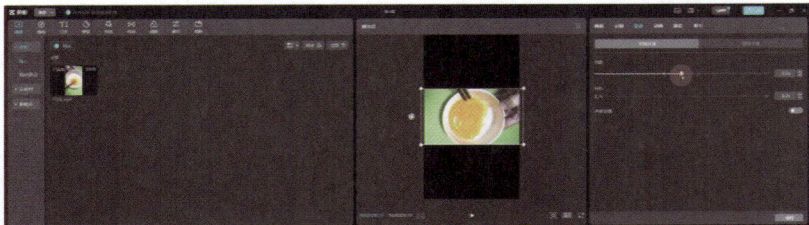

图 2-26　视频常规变速

↘ 三、视频多轨道叠加调整

　　本项目的效果需要将前 3 段视频放到同一个画面中，这就需要用到视频多轨道叠加的方法。导入第 2 段视频"切黄瓜"，但是这一次不能把视频拖动到第 1 段视频的时间线的后面，因为要做的是同时播放的效果，所以要把第 2 段视频放到第 1 段视频轨道的上方，形成两个独立的视频轨道。将第 2 段视频按照第 1 段视频的要求进行旋转、缩放和常规变速等操作，如果视频有声音，就分离音频并将其删除（后续视频如果有声音，同样做此操作）。

　　导入第 3 段视频"泼油"，把第 3 段视频放到第 2 段视频轨道的上方，也形成一个独立的视频轨道。对第 3 段视频同样按照第 1 段视频的要求进行旋转、缩放和常规变速的操作。

　　3 段视频调整完成后，通过观察，发现 3 段视频的时长并不相等，这会导致视频播放不同步。在时间过长的视频时间线最右侧，按住鼠标左键并将其向时间最短的视频的时间线移动，当其位于白色标线的对齐位置时，松开鼠标左键，这时视频的时长就一致了。视频多轨道叠加效果如图 2-27 所示。

图 2-27　视频多轨道叠加效果

接下来需要将 3 段视频放在同一个画面中进行位置摆放。在时间线中选择第 1 段视频，再到播放器中拖动第 1 段视频，把它调整到视频画面顶端；在时间线中选择第 3 段视频，再到播放器中拖动第 3 段视频，把它调整到视频画面底端；在时间线中选择第 2 段视频，再到播放器中拖动第 2 段视频，把它调整到视频画面垂直居中的位置，并适当对视频进行缩放和位置调整，使 3 段视频上下之间留有相等的空隙，这样画面不会太挤，视觉效果会更好。多段视频在同一个画面中的位置摆放如图 2-28 所示。

图 2-28　多段视频在同一个画面中的位置摆放

四、视频色彩调整

预览视频，通过观察发现第 1 段视频和第 3 段视频的色彩风格非常相似，为了让视频整体的色彩风格更加有层次感，需要对第 3 段视频的色彩风格进行调整。在播放器中选择第 3 段视频，在右侧的功能面板区域单击"调节"选项，在"基础"选项中，将"色温"值调整成 34，"色调"值调整成 25，"饱和度"值调整成 9，"亮度"值调整成 8，"对比度"值调整成 7，调整完成后，这样第 3 段视频与第 1 段视频在色彩风格上不再相似，整体产生了层次感。视频色彩调整如图 2-29 所示。

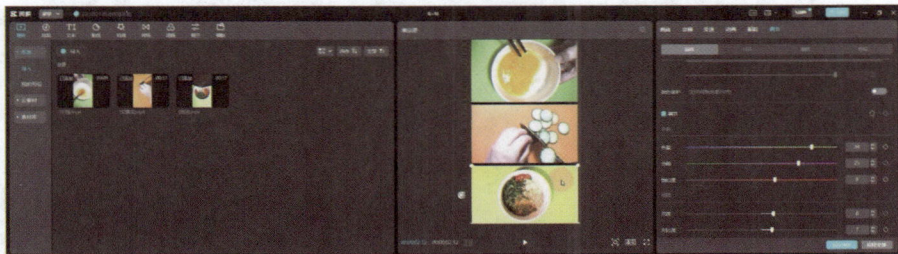

图 2-29　视频色彩调整

※ 实战技巧：色温是描述光源发光或被辐射体接收彩色光的颜色属性之一。色温越低，色调越偏向暖色；而色温越高，色调则越偏向冷色。不同的色温能引发不同的心理感受。色调是色彩的基本倾向，尽管一个画面可能包含多种颜色，但总有一种主导的色彩倾向，比如偏红或偏蓝等，色调值越大，色彩倾向越明显。饱和度代表颜色的鲜艳程度，

饱和度值越大，颜色越鲜艳；饱和度值越低，颜色越接近灰色，如"中国红"就是一种高饱和度的颜色。亮度则是人们对光线强度的感受。亮度值越大，整体效果越亮。对比度是画面中最亮的白色和最暗的黑色之间的差异程度，对比度值越大，对比越强烈。

↘ 五、添加转场效果

导入第 4 段视频"揭锅盖"，将第 4 段视频拖到第 1 段视频的时间线的后方并调整它的速度，将"常规变速"的"倍数"调整为 1.5x。再导入第 5 段视频"撒芝麻"，将第 5 段视频拖到第 4 段视频时间线的后方并调整它的速度，将"常规变速"的"倍数"调整为 3.5x。

预览视频，会发现几段视频之间的转换非常突兀，需要添加"转场效果"来使视频之间的转换不再突兀。"转场"就是指两段视频之间的过渡转换，系统自带了很多非常不错的转场效果，选择素材库上方的按钮区的"转场"选项。在左侧列表中单击"运镜"选项，再选择右侧的"推近"效果，按住鼠标左键，将其拖动到时间线上的第 1 段和第 4 段视频之间，松开鼠标左键，会发现时间线上两段视频之间出现了一个半透明灰色区域。在播放器中预览，观察转场效果是否合适。添加转场效果"推近"如图 2-30 所示。

图 2-30　添加转场效果"推近"

继续为第 4 段和第 5 段视频添加转场效果，在左侧列表中单击"拍摄"选项，再选择右侧的"眨眼"效果，按住鼠标左键，将其拖动到时间线上的第 4 段和第 5 段视频之间，松开鼠标左键，会发现时间线上这两段视频之间也出现了一个半透明灰色区域。在播放器中预览，观察转场效果是否合适。添加转场效果"眨眼"如图 2-31 所示。

图 2-31 添加转场效果"眨眼"

在播放器中将整条视频预览一次，可以发现视频之间的转换不再突兀，并且产生了不一样的视觉效果。接下来导入第 6 段视频"发红包"，将第 6 段视频拖到第 5 段视频时间线的后方，在左侧列表中单击"模糊"选项，再选择右侧的"亮点模糊"效果，按住鼠标左键，将其拖动到时间线上的第 5 段和第 6 段视频之间，松开鼠标左键，这两段视频之间同样会出现半透明灰色区域。在播放器中预览视频，观察转场效果是否合适。添加转场效果"亮点模糊"如图 2-32 所示。

图 2-32 添加转场效果"亮点模糊"

↘ 六、添加蒙版

现在需要为第 6 段视频添加蒙版。蒙版是什么？蒙版是对下方图像起遮罩作用的修图技巧。在时间线上将第 6 段视频拖动到需要添加蒙版的位置，再在右侧的功能面板区域单击"画面"选项，在"画面"下方的选项中单击"蒙版"选项，找到系统自带的"爱心"蒙版，按住鼠标左键，将其拖动到播放器中的合适位置，并对蒙版进行缩放操作。添加蒙版如图 2-33 所示。

图 2-33　添加蒙版

↘ 七、添加动画效果

蒙版添加成功后，就可以添加动画效果了。动画效果是本项目中的难点。添加动画效果需要掌握"帧"和"关键帧"的概念。先来了解什么是"帧"。"帧"是动画中的画面的最小单位，可以理解为一"帧"就是一个画面，一个动画是由若干"帧"（画面）构成的。而"关键帧"是指动画中最关键的"帧"，一般是指动画的开始画面（状态）和结束画面（状态）。在视频软件中，只需要设置好动画效果开始和结束的两个"关键帧"，中间的其他"帧"将由软件自动生成，这大大提高了动画的制作效率。

怎样添加关键帧呢？先将第 6 段视频的时间线拖动到需要添加开始动画效果的位置，接下来在右侧功能面板区域的右上角找到"+"，单击即可添加"关键帧"。如果"关键帧"添加成功，时间线上就会出现一个蓝色的菱形标记。添加开始"关键帧"如图 2-34 所示。

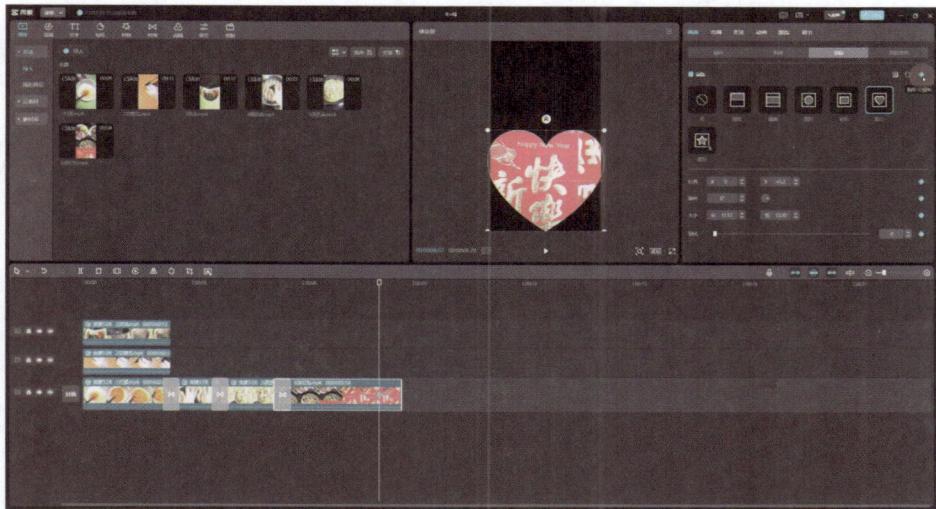

图 2-34　添加开始"关键帧"

　　开始位置的"关键帧"添加成功后，还需要添加结束位置的"关键帧"。在时间线上将第 6 段视频拖动到需要添加结束动画效果的位置，同样在右侧功能面板区域的右上角找到"+"，单击添加"关键帧"，观察时间线上是否出现了蓝色菱形标记。添加结束"关键帧"如图 2-35 所示。

图 2-35　添加结束"关键帧"

　　开始位置和结束位置的"关键帧"目前在画面上效果是一样的，这样是不会产生动画效果的。在时间线上单击开始位置的"关键帧"图标，在播放器中对心形图案进行缩放操作，将其进行等比例的放大，直到遮挡住整个视频画面。当开始位置和结束位置的"关键帧"画面不同时，动画效果就能自动生成了。预览效果，观察蒙版动画是否成功。调整开始"关键帧"的画面效果如图2-36所示。

图2-36　调整开始"关键帧"的画面效果

※ 工匠精神：将蒙版与动画相结合，可以创造出许多令人惊艳的视频效果。从分屏到无缝转场，从开幕到追光灯，蒙版能为你提供无限可能。快来尝试一下，展现你的创意与才华吧！

↘ 八、定格操作

蒙版动画添加完成后，还需要添加两个小动画，但是视频已经结束了，该怎么继续在视频末端添加动画呢？别着急，继续学习一种新的技术，叫作"定格"。什么是定格呢？定格就是指将动态的画面以某一帧静止的状态延长一定的时间。

选择视频的最后一帧，然后单击上方的"定格"按钮，在已经结束的视频后方就会自动生成静态的画面（默认持续时间为3秒），通过拖动视频尾部的时间线可以调整静态画面的延长时间。定格操作如图2-37所示。

图2-37　定格操作

↘ 九、添加贴纸动画

定格操作完成后，就可以开始制作小动画了。接下来的小动画又要用到贴纸功能，单击"贴纸"选项，搜索"心"，找到合适的动画，将其拖动到定格画面的时间线上方，并在播放器中将其调整到合适的位置。但是一个心形动画还不能很好地渲染氛围，因此需要再复制一个心形动画（在时间线上找到动画，单击鼠标右键，选择"复制"和"粘贴"命令），在播放器中将其拖动到第一个心形动画的上方，并进行缩放和旋转操作。预览效果，观察动画是否成功。两个心形动画效果如图 2-38 所示。

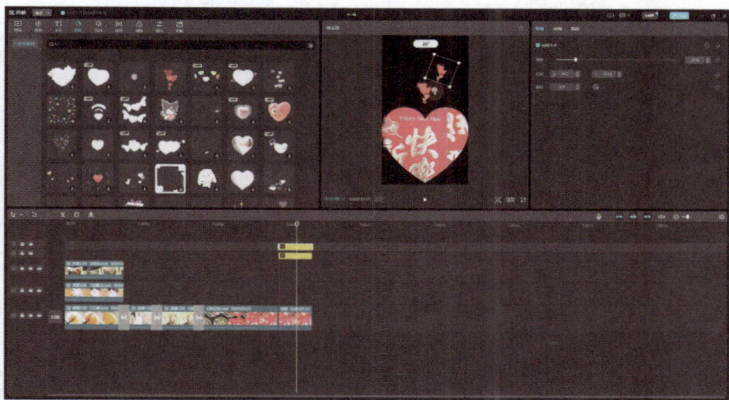

图 2-38　两个心形动画效果

突然出现心形动画有些突兀，因此需要添加一个入场效果。选择第一个心形动画，在右侧的功能面板区域单击"动画"选项，在"入场"效果中选择"向下滑动"效果。接下来选中第二个心形动画，选择"向上滑动"效果，并将第二个心形动画的时间线从左侧向右侧拖动，使其入场时间晚于第一个心形动画。为贴纸动画添加入场效果如图 2-39 所示。

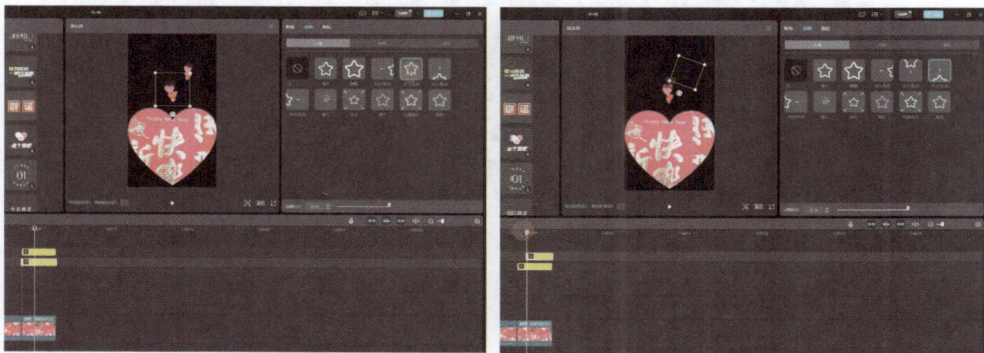

图 2-39　为贴纸动画添加入场效果

十、添加文本动画

贴纸动画添加完成后还需要添加文本动画。在素材库上方的按钮区单击"文本"选项，再单击左侧的"新建文本"选项，在右侧的功能面板区域中将"默认文本"改为"新年快乐"。将修改好的文字拖动到时间线的相应位置，并在播放器中将其拖动至合适的位置。默认的文字效果有些单调，需要调整，在右侧的功能面板区域中将"字体"设置为新青年体，将"字号"调为20，在"预设样式"中选择"描边"效果，将文字"颜色"调整成红色，这样调整后文字的过年氛围就强多了。插入文本并进行设置如图2-40所示。

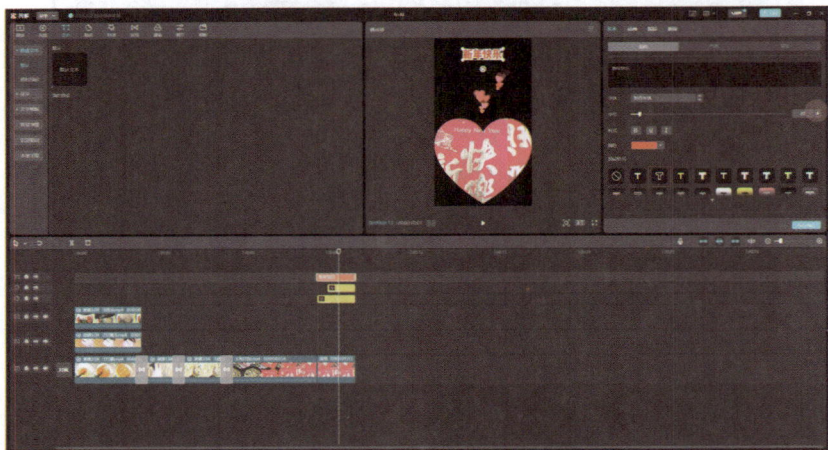

图 2-40　插入文本并进行设置

继续为文本设置动画效果。在右侧的功能面板区域单击"动画"选项，在"入场"效果中选择"缩小Ⅱ"效果，动画效果设置完成。设置文本动画如图2-41所示。

图 2-41　设置文本动画

⬂ 十一、添加片尾效果和背景音乐

最后将使用经典的视频片段作为本项目的结束。剪映有着非常强大的素材库，在素材库上方的按钮区单击"媒体"选项，在左侧列表中单击"素材库"选项，这里提供了各种经典视频片段。选择一个常见的"开心"主题的视频片段，将其添加到时间线上的视频末尾。添加素材库视频片段如图2-42所示。

图 2-42　添加素材库视频片段

※ 法律法规：剪映的素材库中提供了大量经典视频片段，这些视频片段不仅可以直接使用，而且不存在版权问题，为创作过程带来了极大的便利。然而，如果在互联网上下载其他视频进行剪辑使用，可能会涉及版权问题，因此，建议在使用这些素材时要有版权意识，以避免可能的版权纠纷。

预览视频，发现缺少了背景音乐，在素材库上方的按钮区单击"音频"选项，在左侧列表中单击"音乐素材"选项，选择《过年喜庆音乐（剪辑版 2）》，将其拖动到时间轴的音频轨道，通过之前学习的"分割法"，使音频对齐视频的末尾并对多余部分进行分割删除操作。

再次预览视频，发现之前插入的视频末尾出现的笑声与背景音乐产生了重叠，效果不佳，因此需要找到笑声之前的视频位置再次对音频进行分割删除操作。操作完成后，选择音频，将"淡出时长"调整为 1.0s。插入背景音乐并进行调整如图 2-43 所示。

图 2-43　插入背景音乐并进行调整

经过上述操作，《年·味》就制作完成了，可以通过之前学习的方法进行视频的导出。

实战项目三 《新年照片祝福》

【学习目标】

1. 掌握用图片制作视频的方法。

2. 掌握云端共用的方法。

3. 掌握手机端的 AI 操作。

4. 掌握添加人物特效的方法。

5. 掌握添加画面特效的方法。

6. 掌握生成智能字幕的方法。

【实战效果】

制作一段名为《新年照片祝福》的短视频，其截图如图 2-44 所示。

扫一扫

《新年照片祝福》短视频

图 2-44 《新年照片祝福》截图

【实战要求】

1. 在剪辑过程中，要保持视频的流畅性和连贯性，确保画面切换自然、节奏紧凑，注意变速、转场、定格等效果的合理运用。

2. 根据需要添加画面特效、人物特效和 AI 效果，以增强视频的氛围和视觉效果，但要注意适度使用，避免过度夸张或失真。

3. 根据需要添加音频，以增强视频的氛围和情感表达，但要注意音频与视频的匹配度及音量大小，避免喧宾夺主。

4. 添加字幕，字幕与对话要同步，不能出现错别字，断句要合理。

【实战准备】

1. 拍摄一张与新年相关的照片，具体姿势可以参考视频截图。

2. 录制一段音频，内容与新年祝福相关。

备注：建议自备素材，如不具备条件，可使用随书素材进行实战学习。

扫一扫

微课做中学

【实战解析】

请参考微课视频进行学习。

实战总结

1. 通过项目一的实战，掌握了修改项目名称、裁剪视频、视频自定义变速、添加滤镜、添加文本和贴纸、AI 美颜美体、添加和调整音频、导出视频等操作的方法和技巧。

2. 通过项目二的实战，掌握了音频分离、视频旋转、缩放和常规变速、视频多轨道叠加调整、视频色彩调整、添加转场效果、添加蒙版和动画效果、定格操作、添加贴纸动画和文本动画、添加片尾效果和背景音乐等操作的方法和技巧。

3. 通过项目三的实战，掌握了图片制作视频、云端共用、手机端 AI 操作、添加人物特效、添加画面特效、生成智能字幕等操作的方法和技巧。

> 💡 反思
>
> 融媒体视频制作的核心要素有哪些？面对软件界面的不断更新与操作方式的调整，你是否依然能够游刃有余？

学习测试互动

读者可以扫描二维码，参与本模块的学习测试自评。另外，读者还可以加入人邮学院平台本课程的学习，在"问答"区进行讨论、互动交流。

学习测试自评

实战训练

1．请参照本模块中讲解的 3 个融媒体视频实战项目，进行实践操作。在实践中，你可以运用所学的知识和技能，根据项目需求进行实际操作，从而加深对融媒体视频制作的理解和掌握。

2．请发挥你的创意，将制作完成的 3 个融媒体视频进行合并，创建一个主题融媒体视频，并分享出去。在分享过程中，了解用户的观看体验，并根据反馈进行改进，以提升视频的质量和观感。

3．以"环保与可持续发展"为主题，制作一个融媒体短视频。在视频中，可以使用身边的环保行为作为素材，突出强调每个人在环保和可持续发展中应承担的责任，鼓励观众从日常生活中的点滴小事做起，如节约用水、减少浪费、绿色出行等，引导他们认识到自己的行为对于环境保护和可持续发展的重要性。通过短视频的展示和引导，激发观众的环保意识，促使他们积极参与到环保和可持续发展的行动中。

4．以"AI 与我们的未来"为主题，制作一个融媒体短视频。在视频中，可以展现AI 的发展历程和它所带来的一些问题，如侵犯隐私、失业等，通过短视频的探讨和引导，激发观众对于 AI 未来发展的想象、探索和思考。

模块三
融媒体可视化交互作品制作实战

岗课赛证

➢ 岗位：全媒体运营师、新媒体运营师、动画设计师等。

➢ 课程：H5 交互融媒体设计与制作。

➢ 竞赛：全国职业院校技能大赛融媒体内容策划与制作赛项、金砖国家职业技能大赛数字媒体交互设计赛项、全国行业职业技能竞赛广告设计师赛项等。

➢ 证书：1+X 融媒体内容制作职业技能等级证书、1+X 新媒体编辑职业技能等级证书、1+X 数字影像处理职业技能等级证书等。

项目背景

1. 某融媒体企业计划发布一则片头动画，旨在宣传湖湘米粉的独特魅力。本项目将采用现代动画技术，结合传统湖湘文化元素，从视觉、听觉等维度展现湖湘米粉的诱人风味，提升湖湘米粉的知名度和美誉度，推动湖湘饮食文化的传承与创新。

2. 湖湘地区以其独特的米粉文化而闻名，各种口味的米粉深受食客喜爱。为了进一步拓展这一美食的影响力，并吸引更广泛的食客群体，某融媒体企业计划发布一款交互游戏，带领用户深入体验湖湘米粉的魅力，感受湖湘地区的传统文化氛围。

3. 某融媒体企业即将推出一部名为"湖湘米粉探索之旅"的交互宣传片。该片将湖湘地域特色与米粉文化完美融合，通过创新的交互方式，引领用户深入探寻湖湘米粉的独特魅力，感受中华优秀传统文化的深厚底蕴。

软件选择

本模块选择的 H5 平台是北测数字融媒体内容策划与制作实训系统 V1.0。北测数字融媒体内容策划与制作实训系统 V1.0 是基于国内主流的专业级融媒体内容设计与制作软件技术构建的 H5 平台，支持图文、音视频、全景、数据图表等多种媒体形式，支持触控、陀螺仪、定位、表单、拍照等交互形式，支持基于时间轴的关键帧、滤镜、进度、变形、关联等专业动画模式，支持智能渲染、自动适配技术，支持账号间协同制作、素材共享、作品管理等，加载速度快，跨平台兼容性好，用户可用它自由创建丰富的交互内容和动画特效。

实战项目一　片头动画制作

【学习目标】

1. 掌握关键帧动画、路径动画、滤镜动画、预置动画、变速动画、遮罩动画、变形动画、元件动画、序列帧动画、进度动画的制作方法。
2. 掌握基础图形和进阶图形的绘制方法。
3. 掌握背景音效、加载页、动画控制、作品发布的设置方法。
4. 掌握片头动画制作的流程和方法。

【实战效果】

扫一扫

片头动画效果

通过 H5 平台制作并发布一则片头动画，宣传推广湖湘人民喜爱的湖湘米粉，突出其历史悠长、口感好、黄金搭配等特点，突显湖湘米粉的传统美食地位。扫描二维码可观看片头动画的效果。

※ 文化自信：传统美食文化作为中华文化的璀璨瑰宝，承载着深厚的历史底蕴和民族情感。湖南长沙的米粉，便是这一文化传承的生动体现。历史文献记载，其渊源可追溯至 2000 多年前的汉代，那时便有了"臛浇豚皮饼"（肉汤扁粉）的记载，它流传至今，成为湖湘人民引以为傲的美食名片。这份悠久的历史传承，不仅见证了湖湘饮食文化的繁荣发展，更彰显了中华民族在美食方面的精湛技艺和对美食的无尽追求。

【实战要求】

1. 通过不同的动画形式展示湖湘米粉的特色，包括其历史悠长、口感好、黄金搭配、种类繁多等。

2. 标题视觉冲击力强，突出主题。

3. 整体氛围感强，推动湖湘米粉的宣传与推广。

【实战准备】

1. 申请 H5 平台账号。

2. 熟练使用 PS 处理图片。

【实战解析一：设置背景动画】

制作动态背景，展示湖湘米粉的悠长历史。

知识点

调整动画元素属性、设置关键帧动画、设置关键帧等。

☑ 效果描述

1. 将背景等比例放大，便于背景动画的制作。

2. 制作背景从上往下落入舞台，再向左移动的动画效果。整体包括 3 个阶段。第 1 阶段，背景从舞台上方匀速落下，占满整个舞台。第 2 阶段，背景完全落下后，停顿一会儿。第 3 阶段，背景向左匀速移动。

3. 背景文字动画与背景动画一致。整体包括 3 个阶段。第 1 阶段，背景从舞台上方匀速落下的同时，文字（湖湘米粉历史悠长）也匀速落下。第 2 阶段，背景停顿的时候文字（湖湘米粉历史悠长）也停顿。第 3 阶段，背景向左匀速移动时，更换文字内容（2000 多年前的肉汤扁粉）。

✂ 效果制作

打开北测数字融媒体内容策划与制作实训系统 V1.0，登录后单击"新建 H5"按钮，选择"H5 专业版"。舞台的红框为不同设备展示的安全区。为了让作品在不同设备上都能展示最好的效果，作品的按钮、文字、动画等关键元素都尽可能放在安全区内（见图 3-1），切勿放在舞台的上下边缘。

扫一扫

微课做中学

※ 实战技巧：为了确保 H5 作品在分辨率不同的设备上都能得到良好的展示，设计师在设计时应该充分考虑安全区。安全区是指在不同设备上显示内容时，确保内容不会因为屏幕尺寸变化而超出屏幕边界的区域。

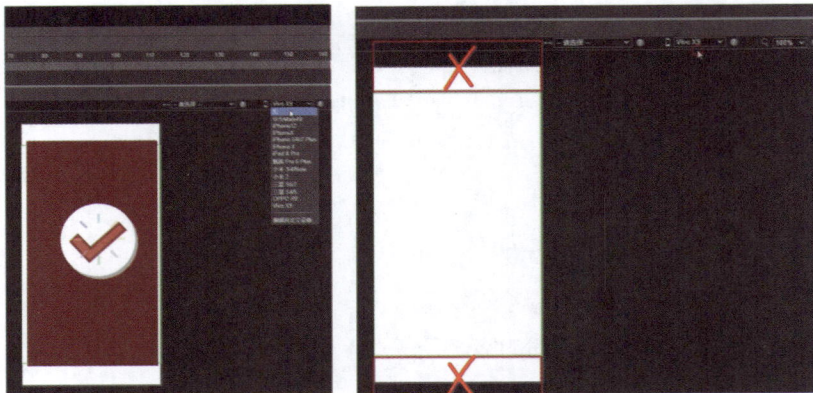

图 3-1　安全区

1. 页面布局

在工具栏中，选择"导入图片"工具，导入素材 1（背景）。在"属性"面板中将背景图片的"宽"设置为 640.0 像素，"高"等比例扩大，得到一个约为舞台尺寸 4 倍大的背景（见图 3-2）。

图 3-2　背景

2. 动画设置

第一步，设置关键帧动画。在"动画"面板上第 10 帧的位置单击鼠标右键，插入关键帧动画（见图 3-3）。此时，"动画"面板上 1～10 帧的位置呈现绿色色块，1～10 帧为关键帧。

图 3-3　插入关键帧动画

第二步，设置背景动画初始状态。在第 1 帧的位置，将背景的"左"设置为 0.0 像素，"上"设置为 –1103.7 像素，使背景完全位于舞台之外（见图 3-4）。

图 3-4　背景完全位于舞台之外

第三步，设置背景完全落入舞台的效果。选择第 10 帧，将背景的"左"设置为 0.0 像素，"上"设置为 0.0 像素，使背景形成从上到下移动的动画效果。

第四步，设置背景向左移动的效果。选择第 25 帧，单击鼠标右键，继续插入关键帧动画，此时，"动画"面板上 1～25 帧的位置呈现绿色色块，代表将关键帧动画延长到了第 25 帧。再次单击鼠标右键，插入关键帧，在第 25 帧的位置出现了一个红点，第 25 帧的关键帧创建成功（见图 3-5）。选择第 25 帧，将背景的"左"设置为 -320.0 像素，"上"设置为 0.0 像素，使背景形成向左移动的动画效果。

图 3-5　关键帧创建

第五步，背景完全落入舞台后静止的效果持续 4 帧。选择第 10 帧，单击鼠标右键，选择"复制关键帧"命令，在第 14 帧上单击鼠标右键，选择"粘贴关键帧"命令，将第 10 帧的关键帧属性复制到第 14 帧中，使背景在第 10～14 帧停留不动。

第六步，设置文字动画效果。使用文字工具创建文本，在右侧的"属性"面板中调整文字的"颜色""字体""大小"属性。文字动画效果的设置方法与背景动画的设置方法一致。

※ 工匠精神：设置关键帧动画时应做到精益求精，精确到每一帧、每一个属性，甚至每一个像素。这种对细节的极致追求，能确保动画的流畅与完美呈现。

※ 实战技巧：制作关键帧动画时，可通过元素的各种属性来设置关键帧，从而实现丰富多样的动态效果。本实战解析中设置的是元素的"上属性"和"左属性"。除此之外，

还可以设置元素的"宽""高""透明度""旋转角度""颜色"等属性。

3. 技术小结

实战解析一背景动画设置如表 3-1 所示。

表 3-1　实战解析一背景动画设置

对象	关键帧	左/像素	上/像素	效果
背景图片	第1帧	0.0	−1103.7	第1阶段， 背景从舞台上方匀速落下， 占满整个舞台
	第10帧	0.0	0.0	
	第14帧	0.0	0.0	第2阶段， 背景完全落下后，停顿一会儿
	第25帧	−320.0	0.0	第3阶段， 背景向左匀速移动

【实战解析二：设置辅助元素动画】

以辅助元素——太阳升起与落下的动画设计，隐喻时间的流转与湘湘米粉在湘湘人民餐桌上不变的地位。

知识点

绘制基础图形、设置动画元素出场时间、制作路径动画、设置路径动画、设置滤镜动画等。

☑ 效果描述

1. 绘制一个橙红色的正圆形，模拟太阳。

2. 制作太阳升起落下的动画效果。动画效果包括 3 个变化。第 1 个变化，当背景下移、动画结束时，太阳从左向右移动。第 2 个变化，太阳移动轨迹为上弧线。第 3 个变化，太阳在移动的过程中从淡黄色逐渐转换成橙红色，最终变成深红色。

✂ 效果制作

1. 页面布局

在"图层"面板新建图层，将两个图层分别重命名为"背景"和"太阳"。选择"太阳"图层，使用椭圆绘制工具，按"Shift"键绘制一个正圆，"填充色"为橙红色，"宽"设置为 60.0 像素，完成太阳元素的绘制（见图 3-6）。

扫一扫

微课做中学

图 3-6　太阳元素的绘制

2. 动画制作

第一步，设置太阳元素在第 10 帧出现。选择太阳元素，使用移动工具，在"动画"面板上将第 1 帧的黑点拖动到第 10 帧（见图 3-7），第 1 帧变成了空心点。在第 10 帧设置太阳元素的"左"为 -110.0 像素，"上"为 180.0 像素，将太阳元素开始的位置设置在左侧舞台外。

图 3-7　将第 1 帧的黑点拖动到第 10 帧

第二步，实现太阳元素向右平行移动的动画效果。选择太阳元素，在第 34 帧创建关键帧动画，将第 34 帧的太阳元素的"左"设置为 340.0 像素，"上"的值不变。

第三步，延长背景动画效果的时间（见图 3-8）。选择"背景"图层，在第 34 帧单击鼠标右键，选择"插入帧"命令，背景动画效果由原来的第 25 帧延长到第 34 帧，且动画效果不变。延长的帧保持静止状态。

图 3-8　延长背景动画效果的时间

第四步，设置路径动画（见图 3-9）。选择太阳元素，单击鼠标右键，选择"切换路径显示"命令，出现一条灰色的太阳运动轨迹，再次单击鼠标右键，选择"自定义路径"

命令，灰色轨迹变成紫色轨迹，选择"工具"面板中的节点工具，框选紫色轨迹，线的两端会出现 2 个节点，单击节点，调整节点杠杆，按住"Alt"键可调整单项杠杆，使太阳移动轨迹为上弧线。

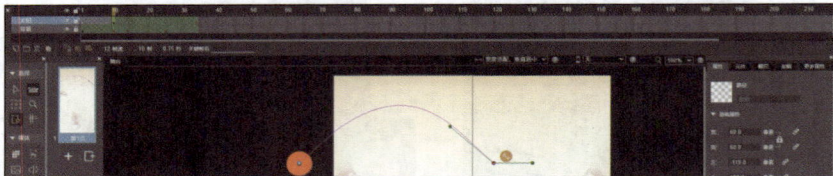

图 3-9　设置路径动画

第五步，设置滤镜效果（见图 3-10）。选择太阳元素，在第 10 帧的位置加入亮度和色饱和度滤镜效果，设置"亮度"值为 225%，"色饱和度"值为 44%。在第 34 帧再次加入亮度和色饱和度滤镜效果，将"亮度"值调整为 19%，"色饱和度"值调整为 225%。

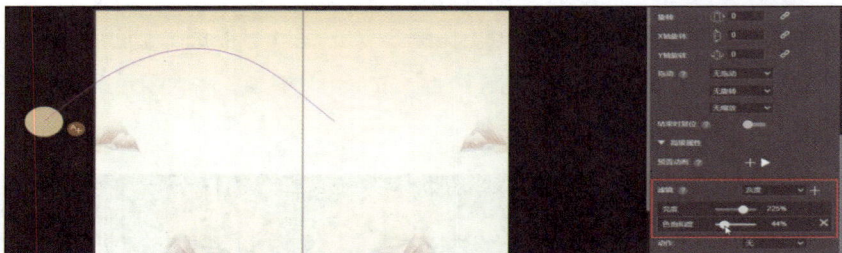

图 3-10　设置滤镜效果

※ 实战技巧：设置滤镜动画时，可设置灰度、亮度、对比度、色饱和度、色调、模糊、阴影、做旧、负片等滤镜效果。

3. 技术小结

实战解析二辅助元素动画设置如表 3-2 所示。

表 3-2　实战解析二辅助元素动画设置

对象	帧	动画	调整属性	效果
太阳图形	第10~34帧	关键帧动画	第10帧（左：-110.0像素　上：180.0像素）	第1个变化：当背景下移、动画结束时，太阳从左向右移动
			第34帧（左：340.0像素　上：180.0像素）	
		路径动画	调整第10帧、34帧的节点杠杆	第2个变化：太阳移动轨迹为上弧线
		滤镜动画	第10帧（亮度：225% 色饱和度：44%）	第3个变化：太阳从淡黄色逐渐转换成橙红色，最终变成深红色
			第34帧（亮度：19% 色饱和度：225%）	

【实战解析三：设置主体元素动画】

突出湖湘米粉的 Q 弹特色，并推出湖湘大众喜爱的黄金搭配：米粉 + 煎蛋。

知识点

设置预置动画、设置"编辑运动曲线"面板、设置定格效果、设置遮罩动画、制作遮罩元素、制作变形动画、节点设置与调整、繁复图形的绘制与调整、设置元件动画等。

✓ 效果描述

1. 制作碗的出现动画和强调动画，包括 2 个阶段。第 1 阶段，当太阳快落下时展示蹦入动画，进入舞台。第 2 阶段，蹦入动画结束后，展示颤抖动画。

2. 模拟从碗中夹米粉，米粉从下至上，以 Q 弹的状态进入舞台，速度由快变慢，包括 4 个阶段。第 1 阶段，碗的动画停止后　米粉从舞台下方快速向上运动，超出舞台顶部。第 2 阶段，米粉快速回弹落下，进入舞台中心。第 3 阶段，米粉快速回弹向上，至舞台上部分。第 4 阶段，米粉慢慢向上，至舞台顶部。

3. 在展示米粉动画效果的同时，背景和碗以静态的形式出现在舞台中，之前设置好的动画效果不变。

4. 模拟碗中夹米粉，米粉只出现在碗口上方。

5. 荷包蛋从无到有逐步演变，包括 2 个阶段。第 1 阶段包括 3 个变化。透明度逐步变化，即从完全透明逐步变化为完全不透明；色彩逐步变化，即从淡黄色逐步变化为白色；形状逐步变化，即从正圆逐步变化为荷包蛋蛋白形象。第 2 阶段出现蛋黄。

6. 荷包蛋自转的同时沿着筷子边缘移出舞台。

✗ 效果制作

↘ 一、设置预置动画

实现效果描述 1，涉及的知识点为预置动画的设置。

1. 页面布局

新建图层，命名为"碗"。在第 25 帧的位置单击鼠标右键，选择"插入关键帧"命令。使用导入图片工具，将素材 2（碗）导入"碗"图层的第 25 帧（见图 3-11），并将其"上"设置为 405.0 像素。此时"碗"图层的第 1 帧为空心点，第 25 帧为黑色实心点，表明此图层的第 1 ～ 24 帧为空，第 25 帧时碗出现。

扫一扫

微课做中学

图 3-11　将素材 2（碗）导入"碗"图层的第 25 帧

2. 动画制作

第一步，添加预置动画（见图 3-12）。为碗添加"进入—蹦入"预置动画。预览效果，发现碗出现之后，还需要强调一下，因此再次添加预置动画，选择"强调—颤抖"预置动画。

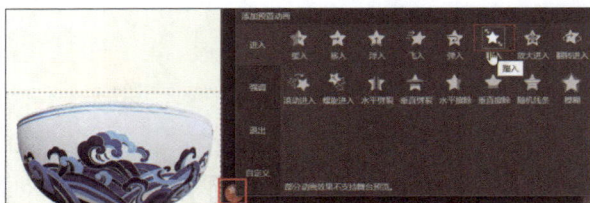

图 3-12　添加预置动画

※ 实战技巧：预置动画包括进入、强调和退出 3 个类别。每个类别都包含多个预置动画效果。

第二步，设置颤抖预置动画参数（见图 3-13）。单击碗右下方的颤抖预置动画图标，设置颤抖预置动画参数，将"延迟"设置为 1 秒，"时长"为 1.5 秒。至此，为碗设置了 2 个预置动画，第 25 帧时碗"蹦入"进入，延迟 1 秒后，实施 1.5 秒的颤抖动画。"碗"图层的"动画"面板上呈现蓝色色块，碗的动画结束。

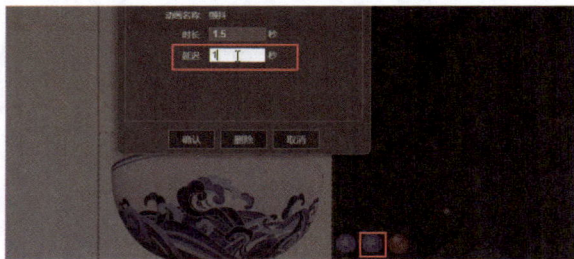

图 3-13　设置颤抖预置动画参数

※ 文化自信：青花瓷不仅是中国陶瓷工艺的瑰宝，更是中国传统文化的重要载体。它以独特的艺术魅力和深厚的文化内涵，展现了中华民族的文化自信和创造力。将传统元素与现代技术相结合，让更多人领略到中华文化的独特魅力和深厚底蕴，进而增强民族自豪感和文化认同感。

3. 技术小结

实战解析三主体元素动画（预置动画）设置如表 3-3 所示。

表 3-3　实战解析三主体元素动画（预置动画）设置

对象	帧	动画	动画属性	效果
碗	第25帧	预置动画	进入（蹦入动画） 时长：1.5秒，延迟0秒	第1阶段，碗在第25帧实现蹦入动画，进入舞台
			强调（颤抖动画） 时长：1.5秒，延迟1秒	第2阶段，蹦入动画结束并延迟1秒后，实现颤抖动画

↘ 二、设置变速动画

实现效果描述 2 和 3，涉及的知识点为设置"编辑运动曲线"面板、设置定格效果。

1. 页面布局

新建图层，命名为"米粉"。在第 35 帧的位置单击鼠标右键，选择"插入关键帧"命令。使用导入图片工具，将素材 3（米粉）导入"米粉"图层的第 35 帧（见图 3-14）。此时，第 1 ～ 34 帧为空白，第 35 帧出现米粉。将其"宽"设置为 645.0 像素，使米粉等比例放大 2 倍左右。

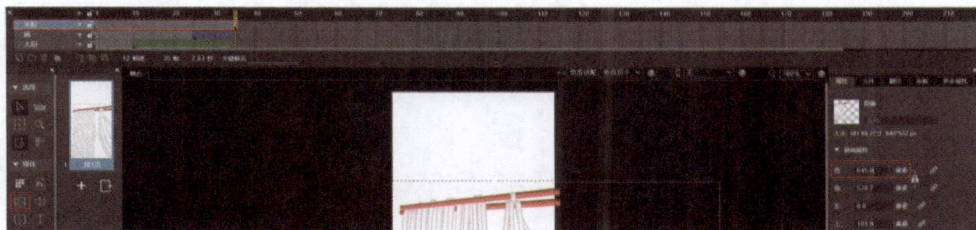

图 3-14　将素材 3（米粉）导入米粉图层的第 35 帧

※ 实战技巧：强烈建议为每个图层命名。这一简单操作能够极大地提升项目的调试效率、修改便捷性和团队合作的顺畅性。

2. 动画制作

第一步，插入关键帧动画。选择米粉，在第 50 帧的位置单击鼠标右键，选择"插入关键帧动画"命令。

第二步，设置动画关键帧。选择"米粉"图层的第 35 帧，设置米粉的"上"为 415.0 像素。接着选择第 40 帧，单击鼠标右键选择"插入关键帧"命令，或按快捷键"F6"，设置"上"为 6.0 像素。然后选择第 44 帧，再次按快捷键"F6"插入关键帧，设置"上"为 240.0 像素。然后选择第 45 帧，再次插入关键帧，设置"上"为 104.0 像素。最后选择第 50 帧，设置"上"为 73.0 像素。

第三步，实现变速效果（见图 3-15）。预览动画效果，似乎少了米粉 Q 弹的感觉。因此选择米粉，在"属性"面板上的"专有属性"中设置"运动"为"自定义运动曲线"。单击"编辑"按钮，打开"编辑运动曲线"面板，选择节点，将"预置曲线"设置为"弹入弹出"，并通过调整节点杠杆，达到理想的效果。按住"Alt"键，可单向调节节点杠杆的曲线。夹 Q 弹米粉的动画制作完成。

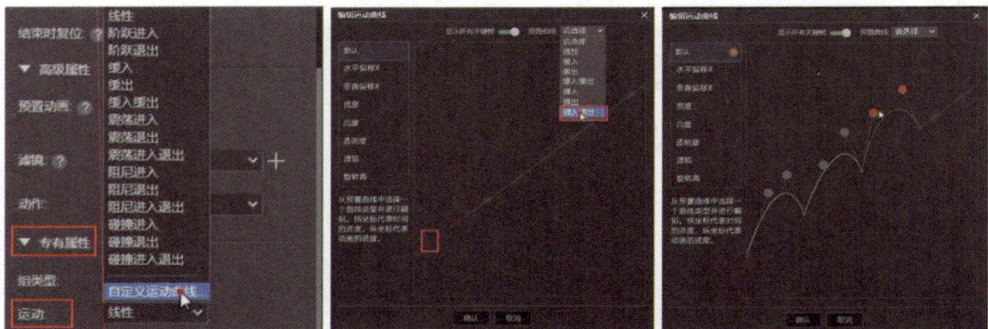

图 3-15　实现变速效果

※ 实战技巧：关键帧动画可设置线性、阶跃进入与退出、缓入与缓出、震荡进入与退出、阻尼进入与退出、碰撞进入与退出、自定义动画曲线等多种专有属性，以控制动画的速度。

第四步，设置定格效果。先设置背景定格效果（见图 3-16），选择"背景"图层，在第 50 帧的位置单击鼠标右键，选择"插入帧"命令。第 35 ～ 50 帧呈现绿色色块，且没有出现任何形态的点。接着设置碗元素的定格效果（见图 3-17），选择"碗"图层，在第 35 帧的位置单击鼠标右键，插入关键帧。选择第 25 帧，复制关键帧并粘贴在第 35 帧中，目前第 35 帧呈现蓝色框，说明第 35 帧有预置动画效果。选择碗元素，删除复制过来的 2 个预置动画。再次单击鼠标右键，选择"插入帧"命令。此时，第 35 帧为 1 个黑点，第 35 ～ 50 帧为灰色色块。预览效果，第 35 ～ 50 帧，背景和碗出现，且保持静止状态。

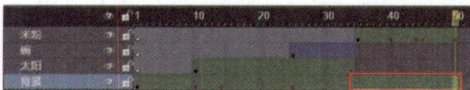

图 3-16　设置背景定格效果　　　　　图 3-17　设置碗元素的定格效果

※ 实战技巧：使用"插入帧"命令可延续视觉效果。使用"复制关键帧""粘贴关键帧"命令，可复制关键帧所包含元素的所有属性和行为。

3. 技术小结

实战解析三主体元素动画（变速动画）设置如表 3-4 所示。

表 3-4　实战解析三主体元素动画（变速动画）设置

对象	关键帧	上属性	运动曲线	效果	速度	方向	位置
米粉	第35帧	415.0像素	上曲线	第1阶段：米粉从舞台下方快速向上运动，超出舞台顶部	快速	向上、回弹	舞台底部—舞台顶部
	第40帧	6.0像素					
	第44帧	240.0像素	上曲线	第2阶段：米粉快速回弹落下，进入舞台中心	快速	向下、回弹	舞台顶部—舞台中心
	第45帧	104.0像素	上曲线	第3阶段：米粉快速回弹向上，至舞台上部分	快速	向上	舞台中心—舞台中上方
	第50帧	73.0像素	直线	第4阶段：米粉慢慢向上，至舞台顶部	慢速	向上	舞台中上方—舞台顶部

↘ 三、设置遮罩动画

实现效果描述 4，涉及的知识点为制作遮罩动画、制作遮罩图形。

1. 页面布局

第一步，调整图层顺序。从下往上依次为"背景""米粉""碗""太阳"图层。在"米粉"图层的上方新建图层，命名为"碗遮罩"（见图 3-18）。

图 3-18　"碗遮罩"图层

第二步，制作遮罩元素。打开 PS，创建一个比 H5 融媒体舞台（320 像素 ×626 像素）大一倍的文件，尺寸为 640 像素 ×1252 像素。将素材 2（碗）拖动到文件中，命名为"碗"。查看 H5 平台中碗的"上"为 405.0 像素，因此，在 PS 中设置碗的"Y"为 810 像素（见图 3-19）。按"Ctrl"键的同时，单击素材"碗"图层的缩略图，将此图层的图像转换为选区。选择矩形框选工具，选择"添加到选区"命令，加选碗下方的区域作为遮罩区（见图 3-20）。在框选的过程中可同时按住空格键，控制选区的位置。隐藏"碗"图层，双击背景图层，将其转换成普通图层，按"Delete"键删除选区中的图像。此时文件以碗口边缘为界，上部分为白色，下部分为透明区域，遮罩图形制作完成（见图 3-21）。将其储存为 PNG 格式，命名为"素材 4"（遮罩碗）。

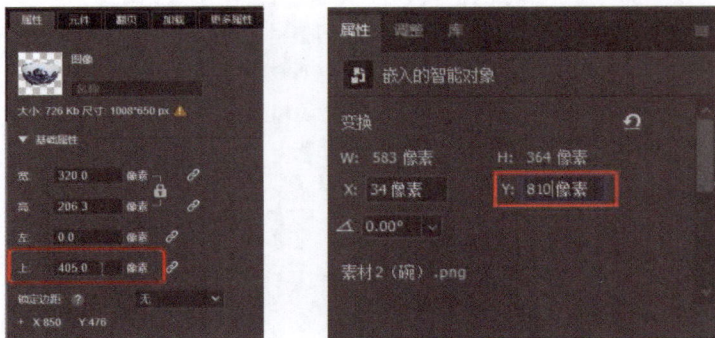

图 3-19　H5 平台中"上"和 PS 中"Y"的属性设置

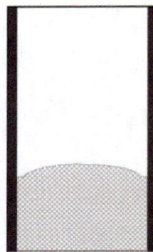

图 3-20　遮罩区　　　　　　　　图 3-21　遮罩图形

※ 实战技巧：遮罩是动画中常用的一种处理技巧，即遮盖部分区域内容，并显示特定区域内容。遮罩图形设置为 PNG 格式。

2. 动画制作

第一步，设置 H5 遮罩效果。打开 H5 平台，选择"碗遮罩"图层，在第 35 帧插入关键帧，导入素材 4（遮罩碗）。单击"图层"面板下方的"转为遮罩层"图标，将此图层转换为遮罩层（见图 3-22）。播放动画，查看效果，发现遮罩层没有和碗完全匹配，这是因为在 PS 中制作遮罩层时，没有考虑碗图像上方的尺寸。

图 3-22　转换为遮罩层

第二步，调整遮罩位置（见图 3-23）。选择"碗遮罩"图层，使用选择工具，按键盘上的"上"键，向上轻移碗遮罩图层，使其"上"为 14.0 像素。播放动画，预览效果，动画制作完成。

图 3-23　调整遮罩位置

↘ 四、变形动画

实现效果描述 5 中的第 1 阶段，涉及的知识点为设置变形动画、节点设置与调整。

1. 页面布局

新建图层，命名为"荷包蛋变形动画"。在第 40 帧插入关键帧，选择椭圆绘制工具，结合"Shift"键绘制正圆（见图 3-24）。设置其"宽"为 100.0 像素，"高"为 100.0 像素，"左"为 0.0 像素，"上"为 58.0 像素，填充肉粉色，"R""G""B"的值分别为 247、209、176。

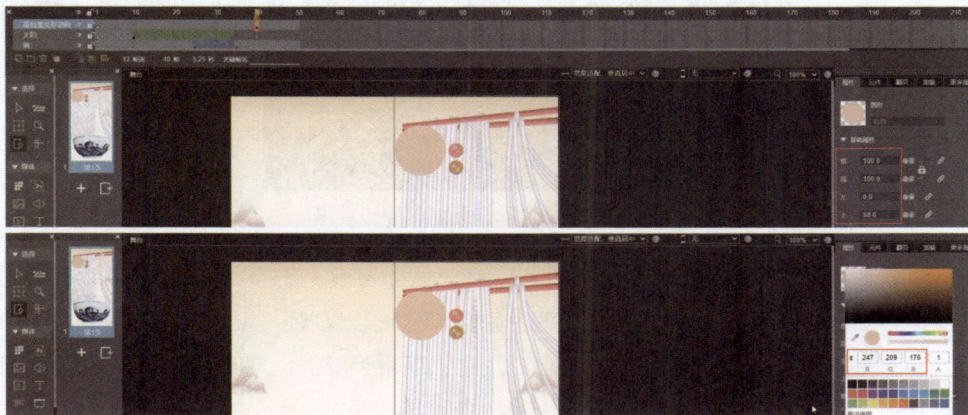

图 3-24　绘制正圆

2. 动画制作

第一步，实现元素的透明变化效果（见图3-25）。在第50帧插入关键帧动画，选择第40帧，将其"透明度"设置成0，使正圆图形实现从第40帧的透明逐渐到第50帧完全显示的动画效果。

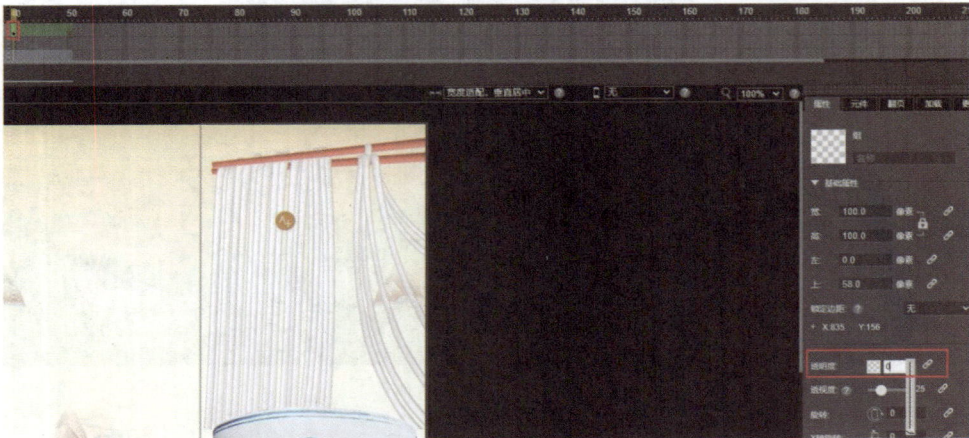

图3-25　实现元素的透明变化效果

第二步，设置动画元素的静态效果（见图3-26）。在第51帧插入关键帧，绘制一个和之前属性一模一样的正圆，使其与之前的动画效果无缝衔接。在第60帧插入帧，此时第51～60帧呈现灰色色块。

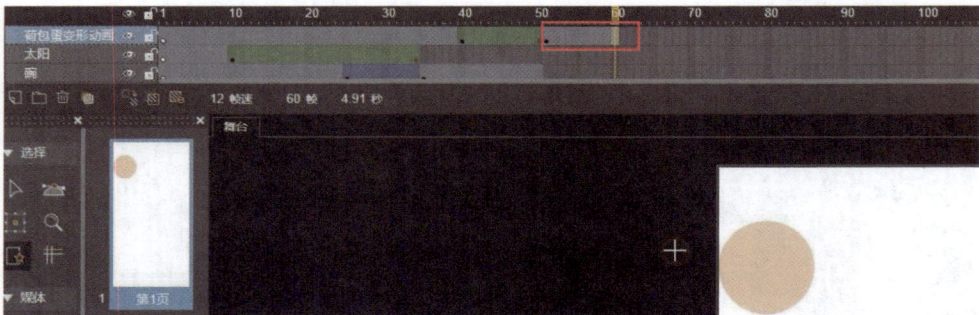

图3-26　设置动画元素的静态效果

第三步，设置变形动画（见图3-27）。单击鼠标右键，在第60帧单击鼠标右键插入变形动画。此时第51～60帧呈现黄色色块。选择第60帧，设置正圆的填充色为白色，边框色为灰色，边框为2像素，变形动画的初稿绘制完成。变形动画不仅仅能实现色彩变化，更强大的是能逐步实现形状变化。继续选择第60帧，进行形状调整。形状调整的关键是图形节点，由节点控制图形的轮廓线位置与曲线幅度。

图 3-27 设置变形动画

※ 实战技巧：增减图形节点的 4 个妙招包括整体等距离增加节点、小范围等距离增加节点、指定位置添加节点和删除节点。

① 整体等距离增加节点（见图 3-28）：使用节点工具，框选所有节点，单击鼠标右键，在面板中选择"节点—添加节点（细分）"命令，在图形中所有相邻节点的中间位置添加新的节点。

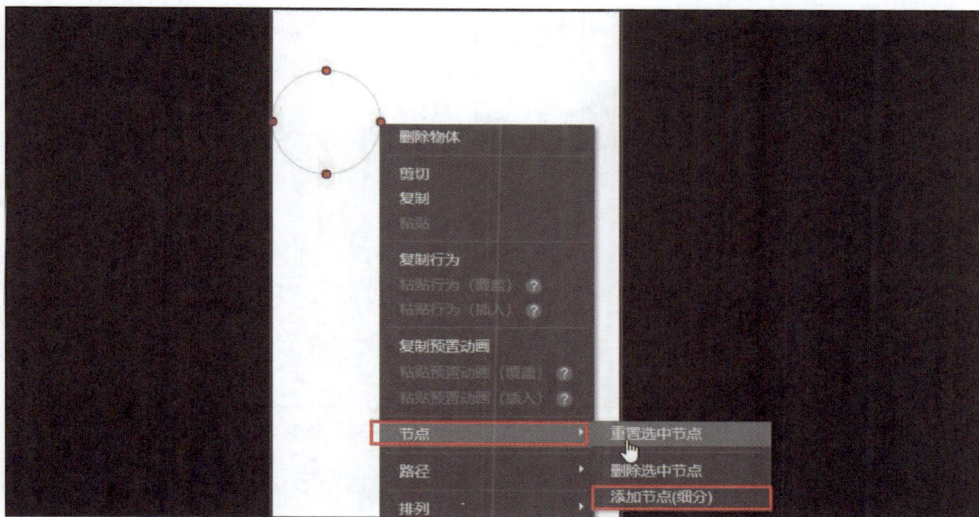

图 3-28 整体等距离增加节点

② 小范围等距离增加节点（见图 3-29）：使用节点工具选择需要添加节点范围的多个节点，可按住"Ctrl"键加选节点，再单击鼠标右键，在面板中选择"节点—添加节点（细分）"命令。

③ 指定位置添加节点（见图 3-30）：按住"Ctrl"键，将鼠标指针放在需添加节点的位置，靠近图形边缘，当出现箭头和加号的符号时，单击鼠标左键，节点即在指定位置添加成功。

④ 删除节点：选择不需要的节点，单击鼠标右键，在面板中选择"节点—删除选中节点"命令，在面板上删除节点（见图 3-31）。也可以按住"Alt"键，将鼠标指针放在不需要的节点位置，当出现箭头和减号的符号时，单击鼠标左键，直接删除指定位置的节点（见图 3-32）。

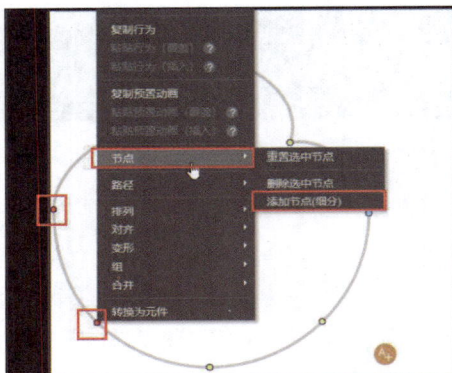

图 3-29　小范围等距离增加节点

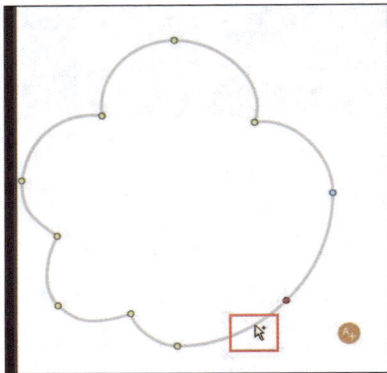

图 3-30　指定位置添加节点

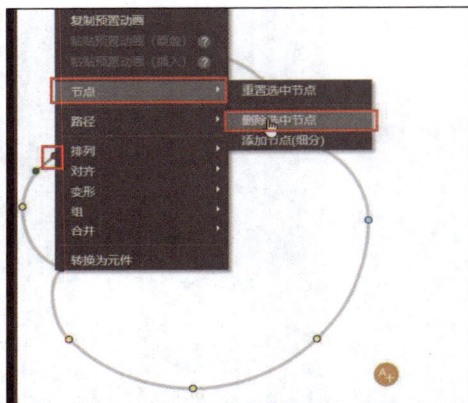

图 3-31　面板上删除节点

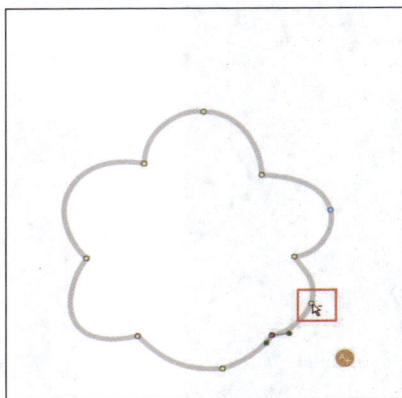

图 3-32　直接删除指定位置的节点

第四步，对节点进行初步调整。通过以上方法增减图形节点，依次调整节点的位置和形状。按住"Alt"键，可调整节点杠杆的单向曲线幅度（见图 3-33）。在调整的过程中，可同步使用舞台的缩放比值，放大或缩小舞台（见图 3-34），使操作和观察更方便。

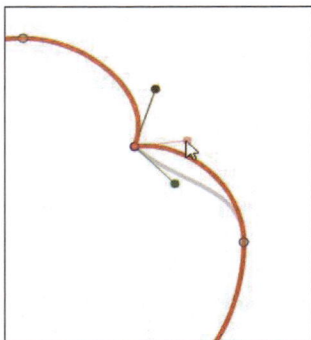

图 3-33　调整节点杠杆的单向曲线幅度

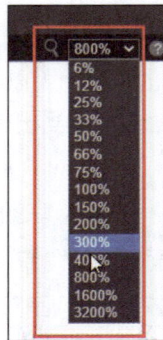

图 3-34　放大或缩小舞台

第五步，精益求精地调整节点（见图 3-35）。反复调整节点位置和杠杆曲线，直至达到满意效果。查看动画效果，从第 51 帧的肉粉色正圆图形逐步变形为第 60 帧的荷包蛋蛋白形。

图 3-35　调整节点

※ 工匠精神：精益求精地调整节点位置和曲线幅度是确保变形动画效果完美的关键。对细节有极致的追求，才能创作出生动、流畅的变形动画。

3. 技术小结

实战解析三主体元素动画（变形动画）设置如表 3-5 所示。

表 3-5　实战解析三主体元素动画（变形动画）设置

对象	动画	帧	调整属性	效果
绘制的 正圆图形	关键帧 动画	第40帧	透明度：0	正圆图形 从透明到完全显示
		第50帧	透明度：100%	

五、绘制图形

实现效果描述 5 中的第 2 阶段，涉及的知识点为繁复图形的绘制与调整。

1. 绘制准备

新建一个图层，在第 60 帧的位置插入关键帧，绘制荷包蛋蛋黄的形象。为了避免误操作，可将其他图层锁定（见图 3-36）。绘制时建议从下往上逐层绘制。

图 3-36　图层锁定

2. 绘制步骤

第一步，绘制最下层的灰色区域，模拟蛋黄的影子（见图 3-37）。因其外形与荷包蛋蛋白相似，可直接选择"荷包蛋变形动画"层的第 60 帧，选择荷包蛋蛋白图形，按"Ctrl+C"键复制图形，再选择"蛋黄"图层的第 60 帧，按"Shift+Ctrl+V"键，在同一位置粘贴图形。调整此图形的大小、位置、色彩等属性。

第二步，绘制蛋黄的暗部（见图 3-38）。使用椭圆工具绘制一个深红色的椭圆，调整其大小、位置、形状、色彩等属性。

第三步，绘制蛋黄的固有色（见图3-39）。使用"Ctrl+C"键复制蛋黄暗部的图形，再用"Ctrl+V"键将其粘贴在该图形之上，调整其大小、位置、形状、色彩等属性。

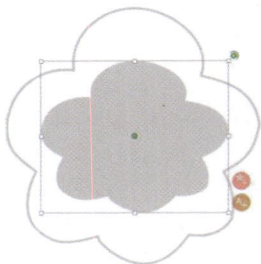

图3-37　绘制蛋黄的影子　　　　图3-38　绘制蛋黄的暗部　　　　图3-39　绘制蛋黄的固有色

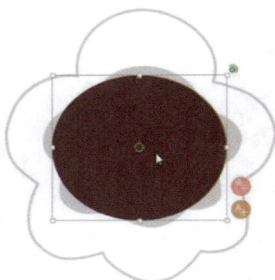

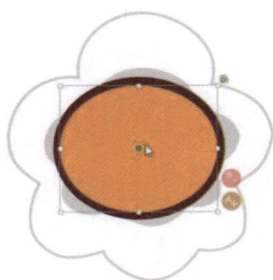

第四步，绘制蛋黄的亮部。继续用同样的方式复制粘贴图形，不仅需要调整其大小、位置、形状、色彩等属性，还需使用节点工具调整图形的节点和杠杆，模拟蛋黄的亮部，完成蛋黄亮部1的绘制（见图3-40）。再次复制亮部图形，旋转其方向，调整其位置和大小，完成蛋黄亮部2的绘制（见图3-41）。为了完成蛋黄亮部3的绘制（见图3-42），复制亮部图形，除了调整其方向、位置和大小属性，还需使用节点工具删除节点、调整节点位置和杠杆曲线幅度，改变其形状。

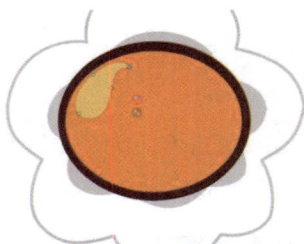

图3-40　绘制蛋黄亮部1　　　　图3-41　绘制蛋黄亮部2　　　　图3-42　绘制蛋黄亮部3

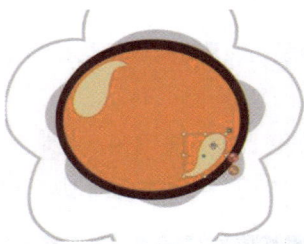

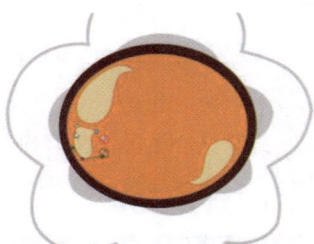

第五步，绘制蛋黄的高光（见图3-43）。使用同样的方法完成最上层的蛋黄高光的制作。

※实战技巧：当绘制较多且较复杂的图形时，建议从下往上逐层绘制。分层绘制有两种形式，一种是分图层绘制，如前文中的蛋白与蛋黄的绘制，一种是在同一个图层上，进行图形的叠加绘制，如前文中蛋黄各部位的绘制。如需调整同层图形叠加的顺序（见图3-44），只需选择图形，单击鼠标右键，在"排列"中选择相关命令即可。

第六步，调整细节，最终呈现效果如图3-45所示。绘制完成后，将舞台缩放值调整为100%，真实呈现舞台效果，查看荷包蛋的形状、色彩等是否合适。再精益求精地对其进行微调，直到满意为止。调整的过程中注意图层和帧的选择，想调整蛋白，应选择"变形动画"层的第 60 帧，想调整蛋黄，应选择最上面的图层。

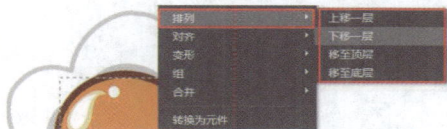

图 3-43　绘制蛋黄的	图 3-44　调整同层图形叠加的顺序	图 3-45　最终呈现
高光		效果效果

※ 工匠精神：对图形进行精细调整时，每一个节点和杠杆的位置都至关重要。这不仅考验技术，更是工匠精神的展现。注重细节，反复调整，是为了追求更加完美的效果；耐心、专注、坚持，则是在这个过程中不可或缺的品质。

↘ 六、设置元件动画

实现效果描述 6，涉及的知识点为制作元件动画。

1. 页面布局

第一步，插入关键帧。将蛋黄图层命名为"荷包蛋蛋黄"。在"荷包蛋蛋黄"图层的第 61 帧插入关键帧。

第二步，设置蛋白效果。选择变形后的蛋白图形，即"荷包蛋变形动画"图层第 60 帧的图形，按"Ctrl+C"键复制图形，选择"荷包蛋蛋黄"图层的第 61 帧，按"Shift+Ctrl+V"键，在同一位置粘贴图形（见图 3-46）。

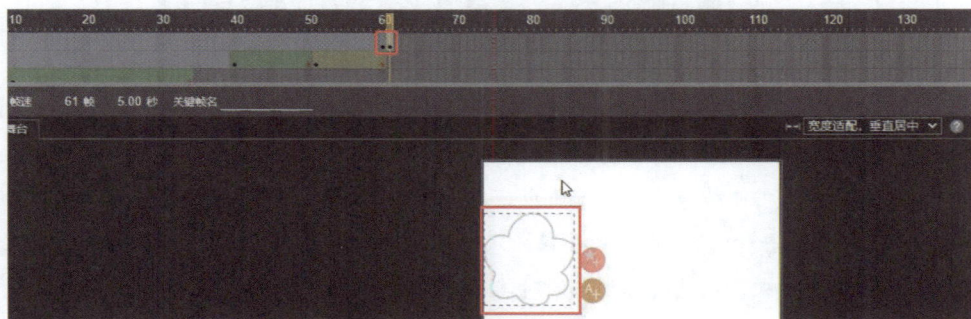

图 3-46　在同一位置粘贴图形

第三步，设置蛋黄效果（见图 3-47）。使用同样的方法，把"荷包蛋蛋黄"图层第 60 帧的整个蛋黄图形也在同一位置粘贴在此图层的第 61 帧。

第四步，设置元件（见图 3-48）。框选所有图形，单击鼠标右键，选择"转换为元件"命令。

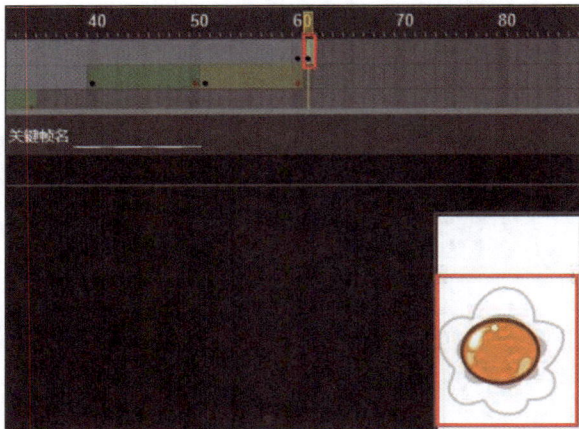

图 3-47　设置蛋黄效果　　　　　　　　图 3-48　设置元件

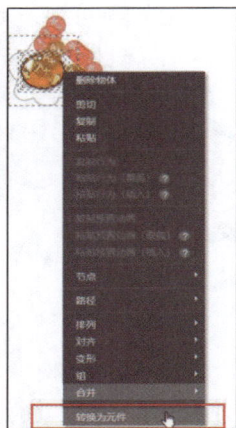

第五步，编辑元件（见图 3-49）。双击图形，进入元件编辑模式，在第 10 帧插入关键帧动画。选择第 10 帧，在"属性"面板上将"旋转"属性设置为 360°，查看元件动画效果。

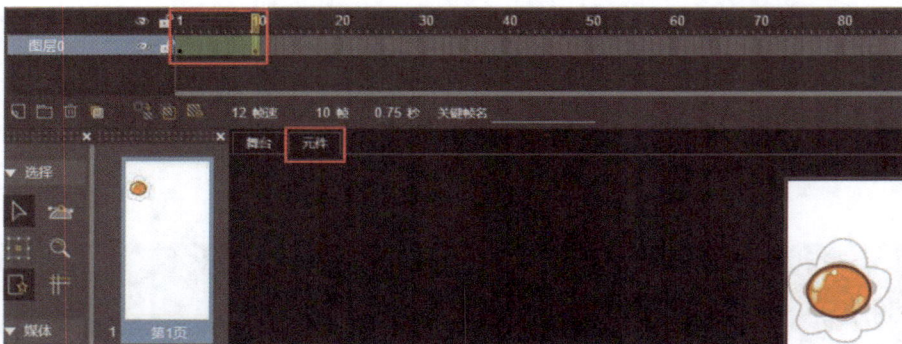

图 3-49　编辑元件

※ 实战技巧：元件动画具有重复使用、方便修改、无限循环播放 3 个特点。在舞台上，元件动画仅以一个黑点的形式存在，只占用"动画"面板的 1 帧空间。双击元件，可进入元件编辑模式，元件具有独立的时间轴、图层和舞台区域。此外，元件动画还支持嵌套制作，即一个元件可以与其他元素结合，构成全新元件。请注意，元件动画在舞台上无法直接展示播放效果，需要通过预览功能进行观看。

第六步，延长动画时间（见图 3-50）。单击舞台，返回舞台编辑状态。在"荷包蛋蛋黄"图层选择第 75 帧，并插入关键帧动画。此时荷包蛋动画已经延续到第 75 帧，将下面的"背景""米粉""碗遮罩""碗"图层都延续到第 75 帧可见，且不改变之前设定好的动画效果。选择以上图层，在第 75 帧的位置，单击鼠标右键插入帧即可。

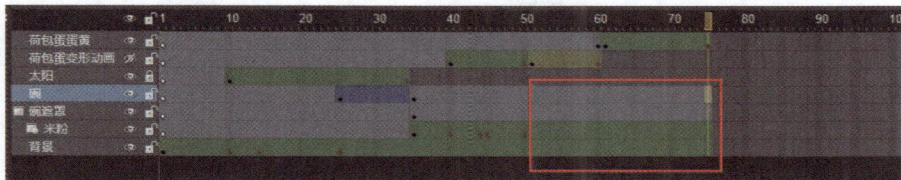

图 3-50　延长动画时间

2. 动画制作

选择"荷包蛋蛋黄"图层的第 75 帧，顺着筷子的形状移动元件至舞台外（见图 3-51）。实现荷包蛋在自转的同时沿着筷子边缘移动的效果。播放动画，发现荷包蛋自转的效果没有实现。因为荷包蛋自转效果使用的是元件动画，所以需点击页面预览观看（见图 3-52）。

图 3-51　移动元件至舞台外

图 3-52　点击页面预览观看

3. 技术小结

实战解析三主体元素动画（元件动画）设置如表 3-6 和表 3-7 所示。

表 3-6　实战解析三主体元素动画（元件动画）中荷包蛋图形设置

对象	舞台动画	元件帧	元件动画	调整属性	效果
荷包蛋图形	元件动画	第1帧	关键帧动画	旋转值：0°	荷包蛋元件自转
		第10帧		旋转值：360°	

表 3-7　实战解析三主体元素动画（元件动画）中荷包蛋元件设置

对象	舞台动画	帧	调整属性	效果
荷包蛋元件	关键帧动画	第61帧	位置：不变	荷包蛋在自转的同时沿着筷子边缘移动的效果
		第75帧	位置：顺着筷子的形状移动到舞台外	

【实战解析四：设置角色与标题动画】

湖湘米粉遍布湖湘大地，湖湘大地每一个城市都有其独特的代表味道。通过角色不停逛走的动画效果，寓意"嗦"遍湖湘米粉，并通过片头动画标题的制作，突出主题。

知识点

设置序列帧动画、设置进度动画、调整动画元素出场时间等。

☑ 效果描述

1. 制作动画角色不停逛走的动画效果。

2. 制作并强调动画标题。动画效果包括 3 个阶段。第 1 阶段，印章出场动画。第 2 阶段，大标题实现逐字出现的动画效果，标题框实现白线逐渐变成矩形框的动画效果。第 3 阶段，出现小标题和角色逛走动画。

✂ 效果制作

1. 页面布局

为了避免操作失误，锁定之前创建的图层。根据动画需要，把即将出场的动画元素进行分层制作。当多个动画元素需制作预置动画、进度动画等多种不同的动画时，需分图层设置，做好页面布局。具体步骤如下。

扫一扫

微课做中学

第一步，设置印章属性（见图 3-53）。新建图层，命名为"印章"。在第 65 帧插入关键帧，导入印章素材，设置其属性。

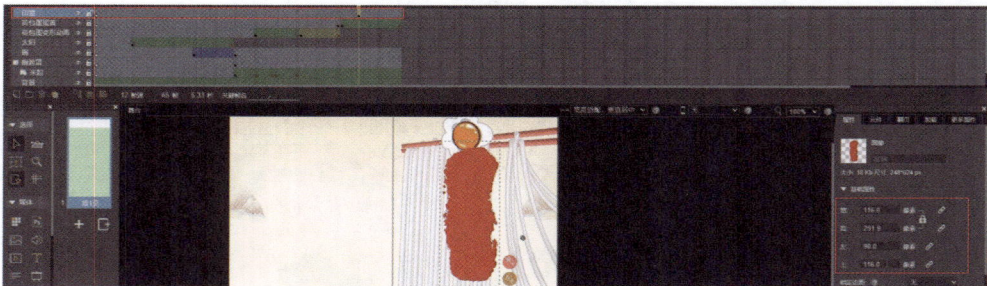

图 3-53 设置印章属性

第二步，设置标题（见图 3-54）。再新建 1 个图层，命名为"标题"。依然在第 65 帧插入关键帧，使用文字工具制作标题文字，使用变形工具调整文本框大小。选择标题文字，在右侧的"属性"面板设置"字体"为方正综艺简体，"大小"为 42，"行高"为 140%，"宽"为 40.0 像素，"高"为 219.5 像素，"左"为 127.0 像素，"上"为 155.0 像素，文字"填充色"为白色。

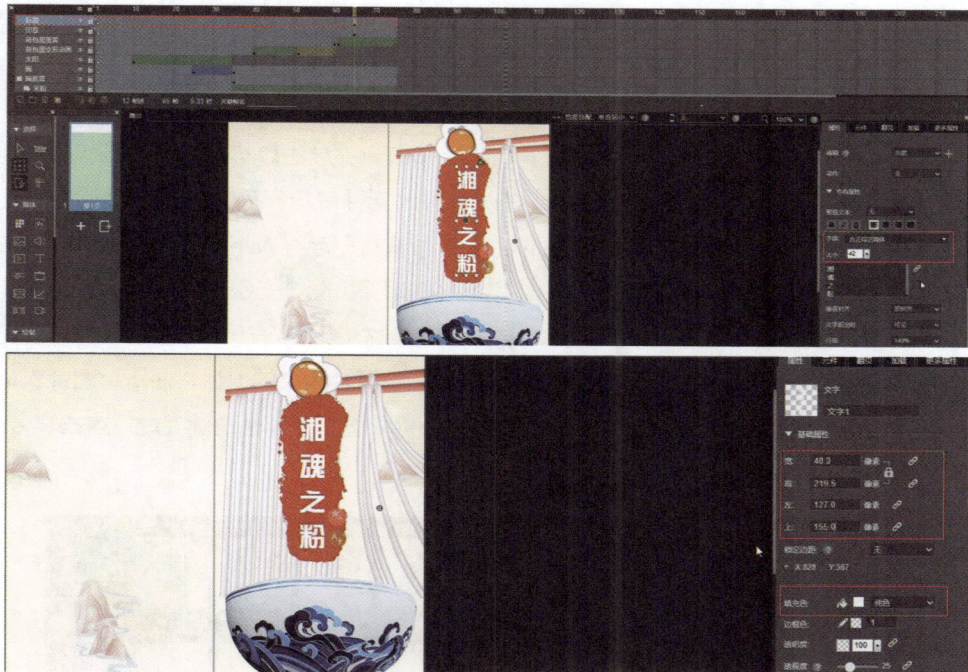

图 3-54　设置标题

第三步，设置大标题框（见图 3-55）。新建"大标题框"图层，还是选择在第 65 帧插入关键帧，使用矩形工具画一个框，设置"填充色"为透明纯色，"边框色"为白色，"宽"为 62.0 像素，"高"为 236.0 像素，"左"为 118.0 像素，"上"为 150.0 像素。

图 3-55　设置大标题框

第四步，设置小标题属性。新建"小标题"图层，在第 65 帧插入图形和文字，设置"宽"为 47.0 像素（由于图形和文字为等比缩放，设置宽后，高会自动变化），"左"为 32.0 像素，"上"为 307.0 像素，"大小"为 22，其他属性与大标题一致。

第五步，设置小兽人属性。新建"小兽人"图层，在第65帧插入关键帧，导入图片素材，设置"左"为200.0像素，"上"为230.0像素。

2. 动画制作

第一步，实现小兽人走路的动画效果。选择小兽人，单击鼠标右键，选择"转换为元件"命令。在元件上双击鼠标左键，进入小兽人元件编辑界面。选择第2帧导入图片，将素材6（小兽人走路）文件夹中的2～8号素材一起导入平台，在素材库中依次加选2～8号素材，勾选"以序列帧形式添加"选项（见图3-56），添加图片素材。此时，"动画"面板从第2帧至第8帧依次添加图片素材（见图3-57）。播放动画，发现第1帧和后面的帧出现了位置问题。调整第2～8帧图片素材的属性，使所有图片素材的"左"为200.0像素，"上"为230.0像素，小兽人逛走序列帧动画完成。点击舞台，查看整体动画效果。

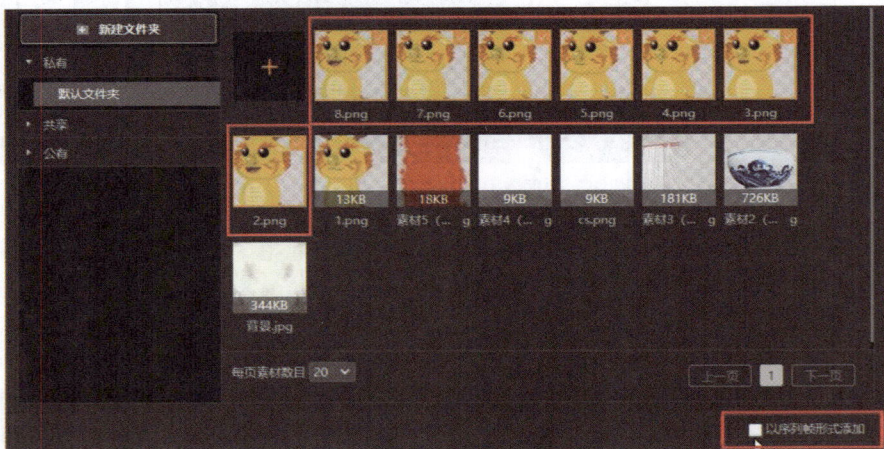

图3-56　勾选"以序列帧形式添加"选项

图3-57　第2帧至第8帧依次添加图片素材

※ 实战技巧：制作序列帧动画即逐帧动画时，对已有的动作素材，只需依照动作顺序加选素材，再选择"以序列帧形式添加"即可。

第二步，制作印章的出场动画。选择印章元素，为其设置预置动画中的放大进入效果。

第三步，制作"标题"和"大标题框"图层的元素比印章元素稍晚出现的效果（见图 3-58），即选择这两个图层的第 64 帧分别插入 2 帧空帧，并删除这两个图层中的第 76、77 帧。

图 3-58　"标题"和"大标题框"图层的元素稍晚出现设置

第四步，设置进度动画（见图 3-59）。选择"大标题框"图层的第 67 帧，单击鼠标右键，插入进度动画。使用同样的方法为"标题"图层插入进度动画。查看动画效果，确保标题实现逐字出现的动画效果，标题框实现白线逐渐变成矩形框的动画效果。

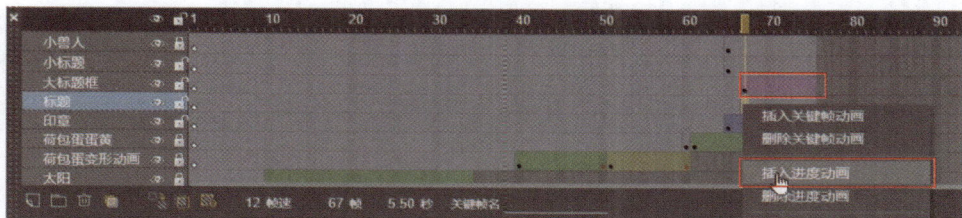

图 3-59　设置进度动画

※ 实战技巧：进度动画只能编辑本平台创建的文本或曲线元素。

第五步，使用同样的方法，将"小标题"和"小兽人"图层的出场时间延后，将其设置为第 69 帧出场。

第六步，查看最终效果。在这段动画中，最先出场的是设置了预置动画的印章元素，然后是设置了进度动画的标题和大标题框，最后出场的是小标题和设置为元件、序列帧动画的小兽人。调整相关细节参数，动画效果制作完成。

【实战解析五：设置动画的整体氛围】

加背景音乐、设置加载页、微调动画元素参数、设置再次观看图标，提升动画整体氛围感。

知识点

添加背景音乐、设置加载页、组合设置与调整、"跳转到帧并播放"行为的添加与设置等。

☑ 效果描述

1. 添加背景音乐，使音乐贯穿整个作品。
2. 加载页的视觉效果与动画风格匹配。
3. 动画播放完之后出现再次观看图标，点击该图标可再次观看动画效果。

✖ 效果制作

↘ 一、设置背景音效和加载页

实现效果描述 1 和 2，涉及的知识点为添加背景音乐、设置加载页。

第一步，添加背景音乐（见图 3-60）。在舞台空白处单击鼠标左键，确认目前为舞台编辑状态。在"属性"面板中添加背景音乐，将素材 7（背景音乐）导入 H5 平台。预览页面效果，确认背景音乐贯穿整个动画。

扫一扫

微课做中学

图 3-60　添加背景音乐

※ 实战技巧：添加背景音乐可使其贯穿整个作品，但只支持音频编码为 AAC 的 MP3 格式的音频，最大支持上传 40MB 的文件。

※ 法律意识：添加音效时，必须谨慎考虑版权问题。使用未经授权的音效可能会引发版权纠纷，给企业或个人带来法律风险和经济损失。因此，设计师应当选择那些已经获得授权或可免费商用的音效，以确保作品的合法性和安全性。

第二步，设置加载页（见图 3-61）。单击"加载"面板，设置"样式"为进度条，"提示文字"为湘粉入心魂，"文字大小"为 16，"动态文字"为是，设置"文字颜色"为橙黄色，"进度颜色"为橙色，"进度背景"和"背景颜色"为白色，"前景图片"导入素材，"图片位置"为 15%，"图片宽度"为 200 像素。预览页面效果，加载页由默认状态调整为与动画风格匹配的视觉效果，加载页设置前后对比如图 3-62 所示。

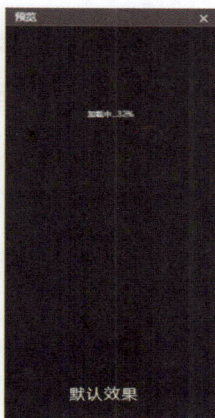

图 3-61　设置加载页　　　　图 3-62　加载页设置前后对比

※ 实战技巧：加载页的样式设置除了进度条，还有百分比、旋转加载等选项。如果选项都不符合需求，可将首页作为加载页自行创新设计。

↘ 二、设置动画控制

实现效果描述 3，涉及的知识点为组合设置与调整、"跳转到帧并播放"行为的添加与设置。

1. 页面布局

在图层顶端创建"控制层"图层。在最后一帧插入关键帧，用矩形工具绘制红色的长方形色块，调整好色块的位置和大小。再使用文字工具制作白色文字"再次观看"，调整其大小和位置，以同样的方式制作文字"嗦粉咯"，控件的页面布局完成（见图 3-63）。

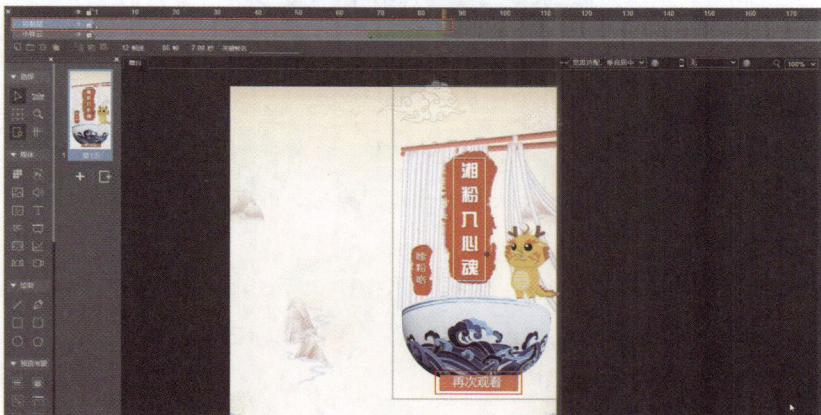

图 3-63　控件的页面布局

91

2．动画制作

第一步，制作"再次观看"按钮。将色块和文字同时选中，单击鼠标右键，将两者进行组合设置（见图 3-64）。

第二步，为按钮添加行为。单击组合右下方的"添加／编辑"行为图标（见图 3-65）。选择"动画播放控制"文件夹中的"跳转到帧并播放"行为，"触发条件"为点击（见图 3-66）。

图 3-64 组合设置

图 3-65 "添加／编辑"行为图标

图 3-66 "跳转到帧并播放"行为

第三步，为按钮设置行为参数（见图 3-67）。单击"编辑"按钮，进入行为编辑状态，将"帧号"设置为 1。

图 3-67 设置行为参数

※ 实战技巧：为图标添加"跳转到帧并播放"行为时，本实战解析设置为从第 1 帧开始重新播放。当然也可以设置为从太阳升起、荷包蛋出现等任意地方重新播放，只要设置好对应的帧即可。

第四步，调整按钮细节。单击"确认"按钮，查看动画效果。此时发现控件中的文字偏上，双击鼠标左键进入组合编辑状态，单击鼠标右键选择"对齐"命令（见图 3-68），调整其位置，直至满意为止。

图 3-68　"对齐"命令

第五步，预览整体动画效果，微调动画参数，使效果更佳，主要调整两个方面。其一，微调元素色彩、大小、位置等属性，使其视觉效果更佳。其二，微调元素出场和持续时间，使动画效果更流畅。微调所包含的技术均已在前文进行了详细描述，可根据需要自行查看。

※ 工匠精神：对品质的极致追求，对细节的严苛把控，以及不达完美不罢休的坚定决心，是创造出卓越作品必不可少的。

【实战解析六：动画分享与发布】

设置分享与发布参数，使作品完美展示，促进宣传与推广。

知识点

分享信息设置、自适应设置、作品发布设置等。

✅ 效果描述

1. 作品分享链接主题明确，体现作品风格。
2. 作品发布后在各款设备中都能展示好的效果。

🛠 效果制作

第一步，设置相关信息（见图 3-69）。选择舞台，在"属性"面板设置好分享信息、缩略图、转发描述等信息。通过移动端扫码转发给朋友或分享到朋友圈时，能由默认空白链接调整成有标题、有转发描述、有缩略图的链接分享效果（见图 3-70），这更有利于宣传与推广。

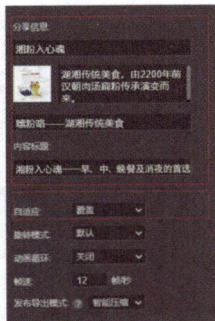

图 3-69　设置相关信息

图 3-70　分享效果

第二步，设置自适应。继续选择舞台，在"属性"面板上调整自适应参数，以便在不同设备上都能有较好的动画效果。

第三步，分享发布作品。单击内容共享图标，单击"发布"按钮（见图 3-71）；或者回到 H5 作品管理平台进行发布设置（见图 3-72）。发布成功后，将自动去除作品左上角的水印。做好推广，后期可查看相关的数据信息。

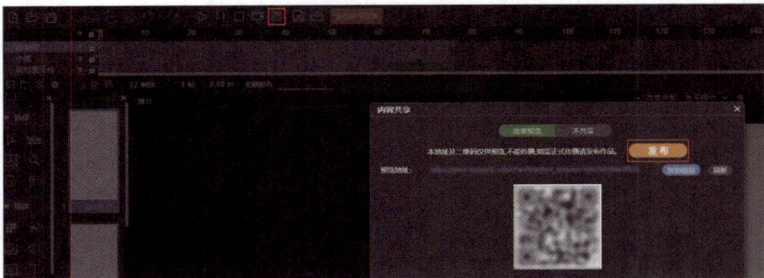

图 3-71　"发布"按钮

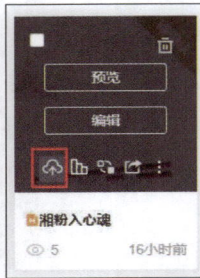

图 3-72　发布设置

实战项目二　交互游戏制作

【学习目标】

1. 掌握暂停行为、跳转到帧并停止行为、跳转到帧并播放行为、上一帧行为、下一帧行为、改变元素属性行为、重置元素属性行为、播放元件片段行为、跳转到页行为、禁止翻页行为、设置背景音乐行为、播放声音行为、行为复制与粘贴的设置方法。

2. 掌握行为执行条件、逻辑表达式、公式取值、交互区域、属性关联的设置方法。

3. 掌握输入框、定时器、拖动遮罩层元素、调整页面顺序、调用模板、作品分享发布的设置。

4．掌握 H5 交互游戏制作的流程和方法。

【实战效果】

通过融媒体可视化交互平台制作并发布一个交互游戏。以大众喜爱、当下流行的游戏方式推广品种丰富、令人垂涎欲滴的湖湘米粉，突显湖湘米粉鲜香、劲辣、浓郁的口味，并通过其特有的"嗦粉"暗号，展示湖湘米粉的独特魅力。扫描二维码可观看模块三实战项目二的效果。需注意，书中出现的地名与地图效果均为交互游戏制作使用，并不完全与真实地图对应。

扫一扫

最终效果

※ 文化自信：文化自信源于对本土文化的深厚认同与由此产生的自豪感。湖湘米粉这一碗碗细腻滑爽、香气四溢的美食，早已超越了单纯的食物范畴，成为湖湘传统美食文化的璀璨代表。宣传推广湖湘米粉，不仅是为了让更多人探寻这份独特的美味，更是为了传播文化和展现自信。

【实战要求】

1．能图文并茂且声像俱佳地介绍湖湘米粉的种类和特色。

2．能根据循环展示的菜单及客户需求点单。

3．能采用开盲盒的形式点单。

4．能设置抢红包游戏，使用户所获金额可抵买单金额。

5．强调"嗦粉"两字，突显湖湘风情的独特韵味。

【实战准备】

1．申请 H5 平台账号。

2．调研湖湘米粉的文化与特色。

3．收集整理素材。

4．根据需求使用 PS 处理图片素材。

【实战解析一：设置产品介绍交互效果】

通过交互的形式，图文并茂且声像俱佳地介绍湖湘米粉的种类和特色，并在用户查看各类米粉 3 次及以上时，出现点单按钮。

知识点

设置跳转到帧并停止行为和暂停行为、改变元素属性行为、设置背景音乐行为、设置播放声音行为、使用文本计数、行为的执行条件、行为的复制与粘贴。

☑ 效果描述

1. 实现湖湘米粉总体介绍页面与各类米粉介绍页面相互跳转的效果。

2. 实现查看各类米粉 3 次及以上时，出现"我要点单"的按钮。

3. 实现 3 个音效。第一，解说音效出现时，降低背景音乐的音量。第二，湖湘米粉总体介绍页面的解说词只播放 1 次，页面重复出现时不再播放。第三，不播放解说词时，恢复背景音乐的音量。

✂ 效果制作

↘ 一、设置跳转到帧并停止行为和暂停行为

实现效果描述 1，涉及的知识点为跳转到帧并停止行为、暂停行为的设置。

扫一扫

微课做中学

1. 页面布局与动画效果

第一步，实现第 1 帧的页面布局和动画效果。新建 5 个图层，依次命名。在第 1 帧分层导入背景、地图素材。使用文字工具制作解说词，设置浮入预置动画。在"小兽人"图层，使用元件动画以序列帧形式制作小兽人逐帧动画。在"交互层"图层制作点单按钮。使用元件动画以进度动画的形式制作交互圈，将元件添加到绘图板上，复制多个交互圈到需要交互的地方，查看第 1 帧效果（见图 3-73）。

※ 实战技巧：预置动画、元件动画、序列帧动画和进度动画的详细制作方法请查看模块三实战项目一。

第二步，实现第 2～9 帧的页面布局。新建"湖湘米粉"图层。在第 2 帧插入关键帧导入素材，制作文字和按钮效果。用同样的方法，完成第 3～9 帧的页面布局。选择"背景"图层，在第 9 帧插入帧。查看第 2～9 帧的页面布局（见图 3-74）。

※ 职业道德：在进行页面布局时，不仅要追求美，还应通过合法途径获取素材、使用授权字体等，避免抄袭。

2. 行为设置

第一步，设置第 1 帧与第 2 帧的相互跳转。在第 1 帧选择长沙的交互圈，添加编辑行为，选择"动画播放控制"文件夹下的"跳转到帧并停止"行为（见图 3-75）。"触发条件"为点击，单击铅笔图标，打开"参数"面板，设置"帧号"为 2，单击"确认"按钮，行为设置完成。单击第 2 帧的"返回地图"按钮，继续添加"动画播放控制"文件夹下的"跳转到帧并停止"行为，"触发条件"为点击，打开"参数"面板，设置"帧号"为 1（见图 3-76）。

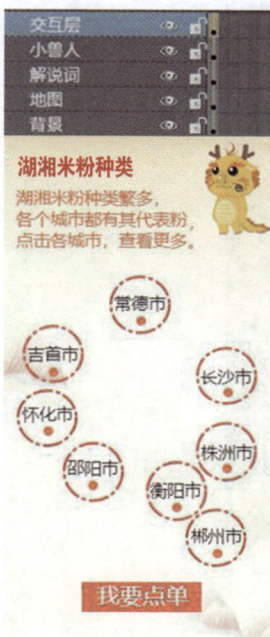

图 3-73 第 1 帧效果

图 3-74 第 2 ～ 9 帧的页面布局

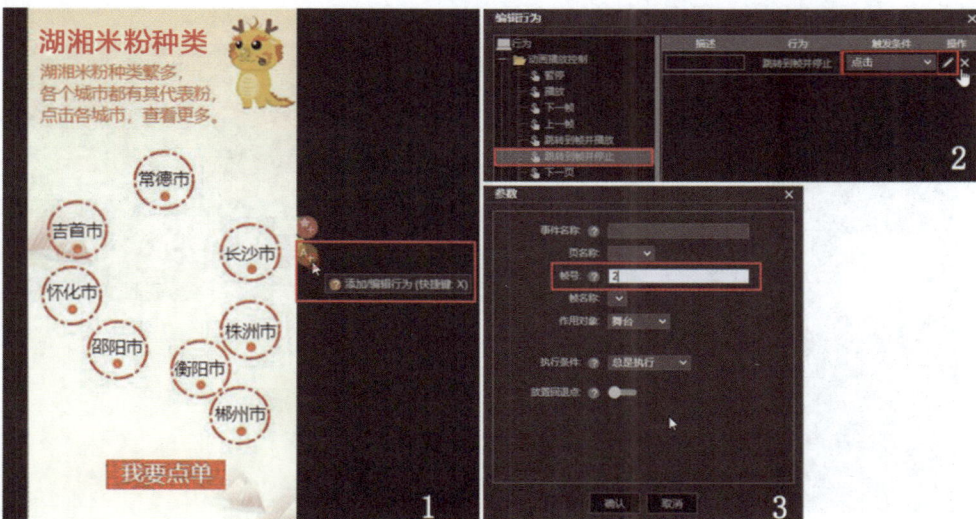

图 3-75 长沙交互圈设置"跳转到帧并停止"行为

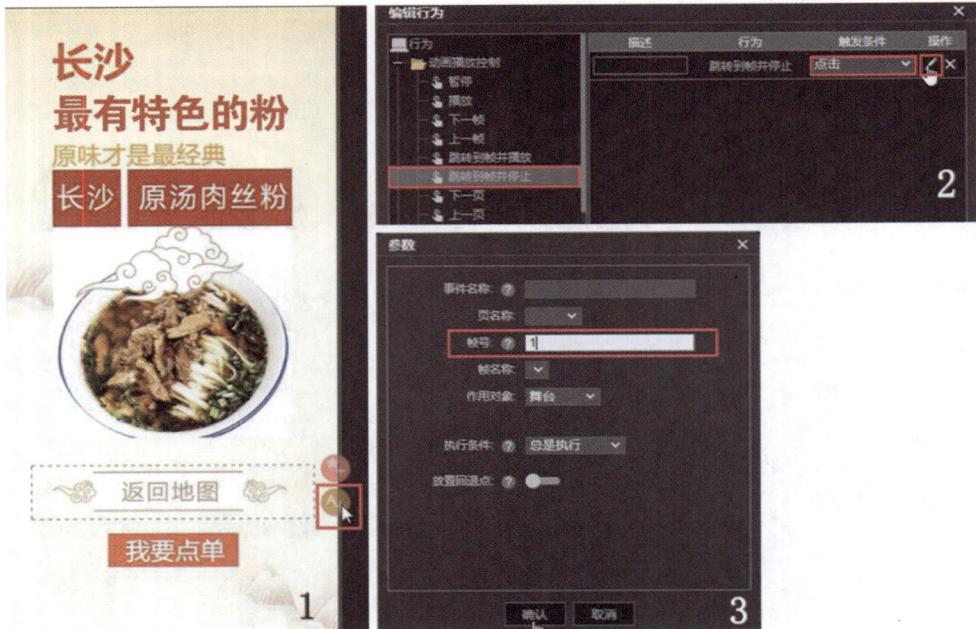

图 3-76 返回地图按钮设置"跳转到帧并停止"行为

第二步，设置第 1 帧暂停。查看设置效果，发现动画直接播放。选择"交互层"图层，在第 1 帧的舞台外画个矩形，添加"动画播放控制"文件夹下的"暂停"行为（见图 3-77），"触发条件"为出现，效果实现。

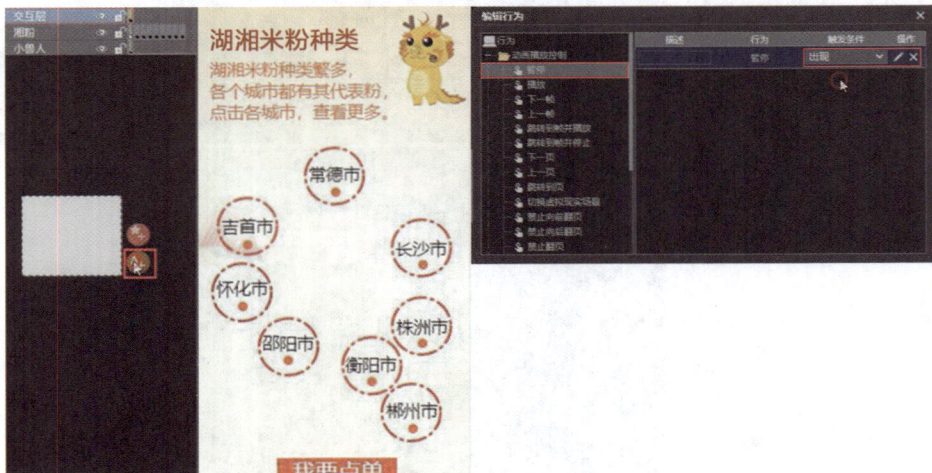

图 3-77 添加"暂停"行为

※ 实战技巧：当设置暂停行为时，该行为可以添加在任何元素上。但为了日后便于修改，建议在舞台外设置。

3．技术小结

实战解析一产品介绍交互效果（"跳转到帧并停止"行为和"暂停"行为）设置如表 3-8 所示。

表 3-8　实战解析一产品介绍交互效果（"跳转到帧并停止"行为和"暂停"行为）设置

对象	行为	触发条件	效果
长沙交互圈	跳转到帧并停止	点击	跳转到第2帧
返回地图按钮	跳转到帧并停止	点击	跳转到第1帧
矩形	暂停	出现	在第1帧暂停

二、设置改变元素属性行为

实现效果描述 2 的一部分，制作查看长沙米粉 3 次及以上，出现"我要点单"的按钮效果，涉及的知识点为改变元素属性行为、使用文本计数、设置行为的执行条件。

1．行为设置

第一步，设置点击长沙交互圈 3 次及以上，第 1 帧出现"我要点单"的按钮。

首先将"我要点单"按钮命名为"我要点单 1"，"透明度"设置为 0。第 1 帧"我要点单"按钮属性设置如图 3-78 所示。在"交互层"图层使用文字工具创建文本用于计数。先将文本的内容设置为 0，命名为"米粉种类"。文本属性设置如图 3-79 所示。

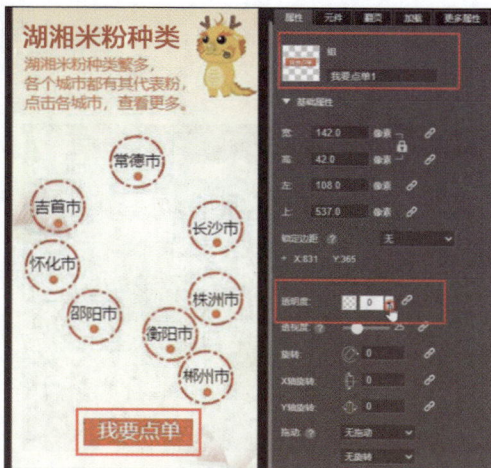

图 3-78　第 1 帧"我要点单"按钮属性设置　　　图 3-79　文本属性设置

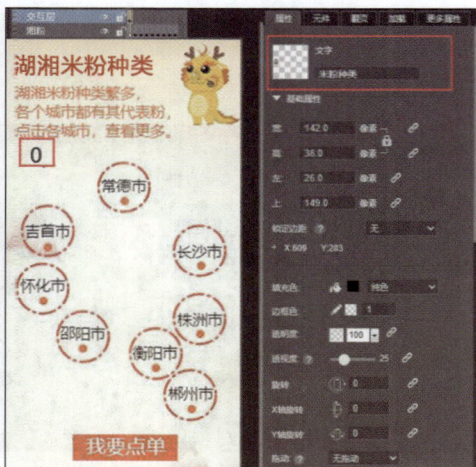

※ 敬业精神：子曰："居处恭，执事敬，与人忠。"执事敬，是指在执行任务或履行职责时，无论工作的大小或重要性如何，都应该全力以赴，不敷衍塞责。这种态度不仅体现了对工作的尊重，也有助于提高工作效率和质量。在这个实战解析中，给元素命名看

上去是简单重复的操作，但却应该遵循"执事敬"的原则。

然后选择长沙的交互圈，添加"属性控制—改变元素属性"行为，设置"触发条件"为点击。打开"参数"面板，设置"元素名称"为米粉种类，"元素属性"为文本或取值，"赋值方式"为在现有值基础上增加，"取值"为1。长沙交互圈添加"改变元素属性"行为设置如图3-80所示，单击"确认"按钮完成设置。预览效果，文本值为0，点击长沙交互圈，返回第1帧，文本值为1，再次点击，文本值为2。

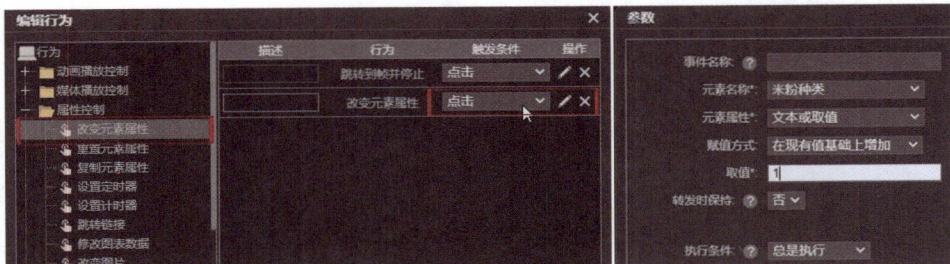

图3-80　长沙交互圈添加"改变元素属性"行为设置

最后选择"米粉种类"文本，添加"属性控制—改变元素属性"行为，"触发条件"为属性改变。打开"参数"面板，设置"元素名称"为我要点单1，"元素属性"为透明度，"赋值方式"为用设置的值替换现有值，"取值"为100，"执行条件"为检查元素状态，逻辑条件为米粉种类的文本或取值大于等于3。"米粉种类"文本添加"改变元素属性"行为设置如图3-81所示。预览效果，第1帧没有显示"我要点单"按钮，点击3次长沙交互圈，"我要点单"按钮出现，效果制作完成。

图3-81　"米粉种类"文本添加"改变元素属性"行为设置

第二步，设置点击长沙交互圈3次及以上，第2帧出现"我要点单"按钮。

首先选择第2帧，设置"我要点单"按钮属性（见图3-82），将其命名为"我要点单2"，"透明度"设置为0。

图 3-82　设置"我要点单"按钮属性

　　然后回到第 1 帧，仍然选择"米粉种类"文本，继续添加"属性控制—改变元素属性"行为，"触发条件"为属性改变。打开"参数"面板，设置"元素名称"为我要点单2，"元素属性"为透明度，"赋值方式"为用设置的值替换现有的值，"取值"为 100，"执行条件"为检查元素状态，逻辑条件为米粉种类的文本或取值大于等于3。"米粉种类"文本再次添加"改变元素属性"行为设置如图 3-83 所示。

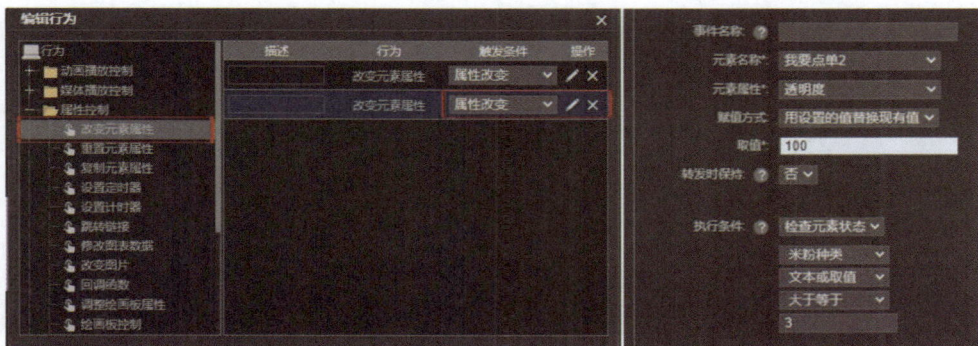

图 3-83　"米粉种类"文本再次添加"改变元素属性"行为设置

　　最后预览效果，点击长沙交互圈，跳转到第 2 帧，点击"返回地图"按钮，跳转到第 1 帧。连续点击长沙交互圈 3 次及以上，第 2 帧和第 1 帧都出现"我要点单"按钮。

　　※ 实战技巧：设置任何行为之前，都必须先对元素命名。命名时需注意明确性、简洁性、一致性、避免歧义，或使用标准命名约定。

2. 技术小结

实战解析—产品介绍交互效果（"改变元素属性"行为）设置如表3-9所示。

表3-9　实战解析—产品介绍交互效果（"改变元素属性"行为）设置

对象	行为	触发条件	效果
长沙交互圈	改变元素属性	点击	文本或取值 在现有值基础上增加1
"米粉种类" 文本	改变元素属性	属性改变 且文本或取值大于等于3	按钮透明度为100

↘ 三、设置背景音乐行为和播放声音行为

实现效果描述3的一部分，即制作第1帧与第2帧的3个音效，包括解说音效出现时，降低背景音乐的音量；第1帧的解说词只播放1次；不播放解说词时，恢复背景音乐的音量。此处涉及的知识点为设置背景音乐行为、播放声音行为。

1. 行为设置

第一步，导入并设置音效（见图3-84）。在舞台的"属性"面板上添加背景音乐，然后使用媒体工具在第1帧和第2帧分别导入解说音效，选择解说音效，在"属性"面板上打开自动播放。

※ 实战技巧：为了减少交互的误操作，提高作品的美观性，建议将音效放置在舞台外。

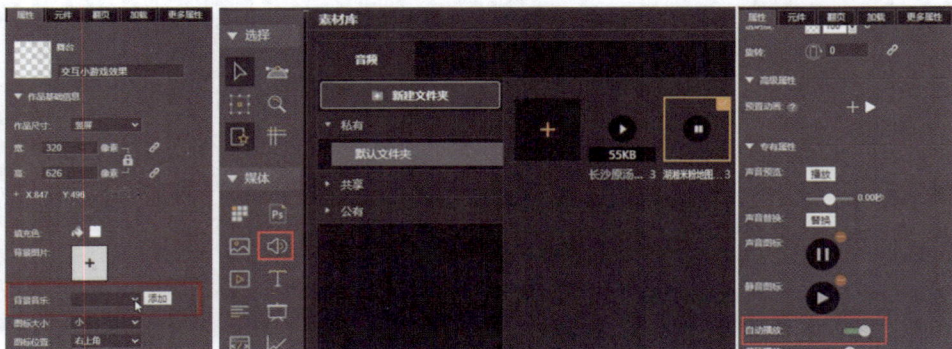

图3-84　导入并设置音效

第二步，设置解说音效出现时，降低背景音乐的音量（见图3-85）。分别选择第1帧和第2帧的解说音效，添加"设置背景音乐"行为，"触发条件"为出现。打开"参数"面板，设置"播放状态"为播放，"音量"为15。

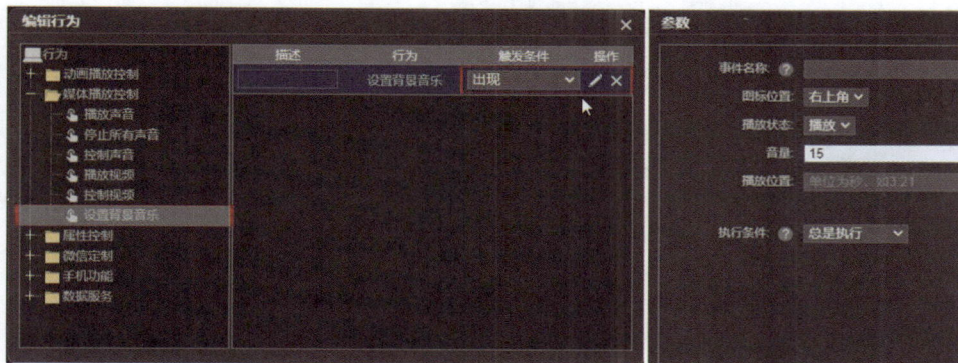

图 3-85　降低背景音乐的音量

　　第三步，设置第 1 帧第 1 次出现时，播放解说词，重复出现则不再播放。选择第 1 帧的"米粉种类"文本，添加"播放声音"行为，"触发条件"为出现。打开"参数"面板，"声音元件"为湘粉地图配音 .MP3，"执行条件"为检查元素状态，逻辑条件为米粉种类的文本或取值等于 0。同时将第 1 帧的解说音效取消自动播放，第 1 帧只在第 1 次播放解说词设置如图 3-86 所示。

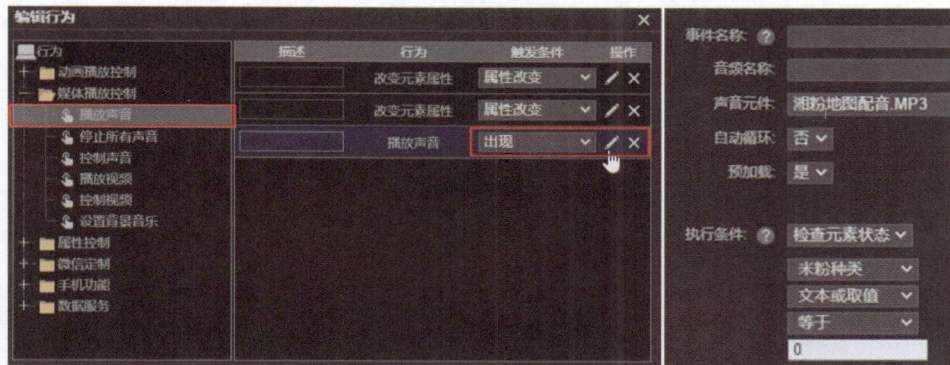

图 3-86　第 1 帧只在第 1 次播放解说词设置

　　第四步，设置第 1 帧不再播放解说词时，恢复背景音乐的音量。选择第 2 帧的"返回地图"按钮，添加"设置背景音乐"行为，"触发条件"为点击。打开"参数"面板，"播放状态"为播放，"音量"为 100。添加设置背景音乐行为如图 3-87 所示。预览效果，会发现效果没有实现。

　　因为第 2 帧设置了跳转到第 1 帧后背景音量调整为 100，但第 1 帧设置了出现音效，背景音乐音量为 15，两者冲突。因此，在第 1 帧音效的"设置背景音乐"行为中增加执行条件，米粉种类的文本或取值等于 0 时背景音乐的音量为 15。增加执行条件设置如图 3-88 所示。预览效果，效果实现。

103

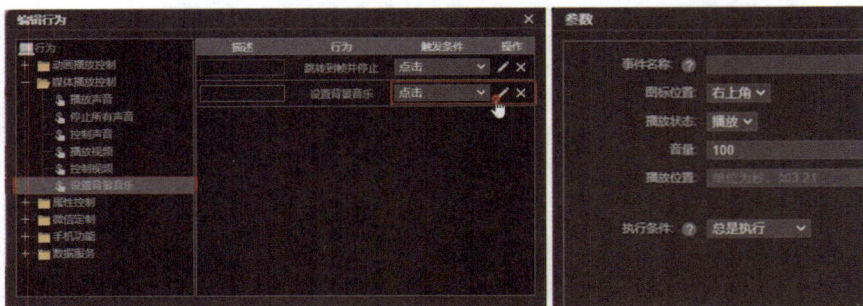

图 3-87　添加设置背景音乐行为

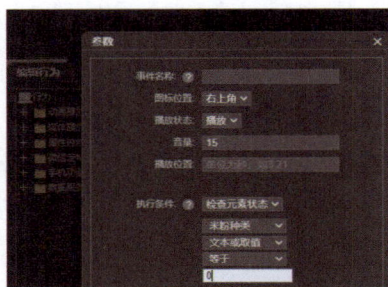

图 3-88　增加执行条件设置

※ 实战技巧：H5 平台可导入图片、声音、视频、PSD 文件、GIF 动画等多种融媒体类型。

2. 技术小结

实战解析一产品介绍交互效果（设置背景音乐行为和播放声音行为）设置如表 3-10 所示。

表 3-10　实战解析一产品介绍交互效果（设置背景音乐行为和播放声音行为）设置

对象	行为	触发条件	参数设置	效果
第1帧和第2帧解说音效	设置背景音乐	出现	播放状态：播放 音量：15	背景音乐音量降低
"米粉种类"文本	播放声音	出现	声音元件：湘粉地图配音.MP3 执行条件：米粉种类文本或取值等于0	第1帧只在第1次出现时播放解说词
第2帧"返回地图"按钮	设置背景音乐	点击	音量：100	第1帧不再播放解说词时，背景音乐音量为100
第1帧解说音效	设置背景音乐	出现	播放状态：播放 音量：15 执行条件：米粉种类文本或取值等于0	

↘ 四、设置复制行为和粘贴行为

实现效果描述 1、2、3 的其他效果,即设置第 1 帧与制作第 3 ~ 9 帧相互跳转;设置查看其他地区米粉 3 次及以上,出现"我要点单"的按钮效果;设置其他帧的 3 个音效。此处涉及的知识点为复制行为、粘贴行为。

第一步,设置各个交互圈的交互行为。选择设置好行为的长沙交互圈,单击鼠标右键选择"复制行为"命令。选择吉首交互圈,单击鼠标右键选择"粘贴行为(覆盖)"命令,打开"编辑行为"面板,选择"跳转到帧并停止"行为,修改其参数,将"帧号"改为 3,其他保持不变(见图 3-89)。用同样的方法,将其他交互圈也设置复制粘贴行为,修改对应的帧号。

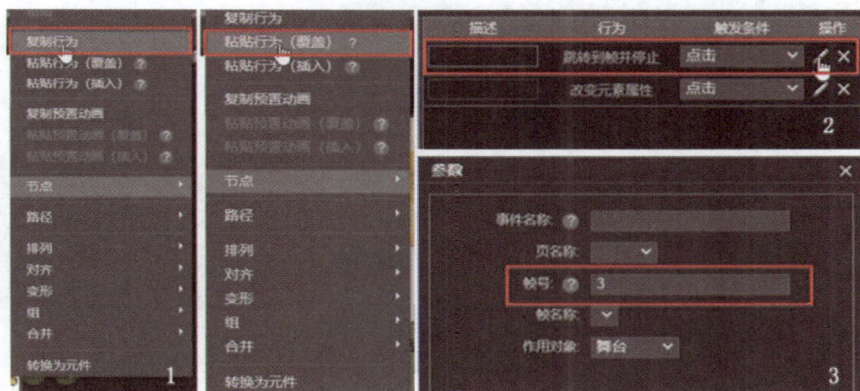

图 3-89　交互圈行为复制、粘贴、调整参数设置

第二步,设置各帧的解说词音效。选择第 3 帧,导入湘西酸辣粉配音音效。并将音效放置在舞台外。用同样的方法,在其他帧导入对应的解说词并调整好位置。回到第 2 帧,选择解说词,单击鼠标右键选择"复制行为"命令。再选择第 3 帧的解说词,在"属性"面板中设置自动播放,并单击鼠标右键选择"粘贴行为(覆盖)"命令(见图 3-90)。使用同样的方法,设置好每帧的解说词属性和行为。

图 3-90　各帧解说词复制行为与粘贴行为的设置

第三步，设置各帧的"返回地图"按钮的行为。选择第2帧的"返回地图"按钮，单击鼠标右键选择"复制行为"命令；分别选择第3～9帧的"返回地图"按钮，单击鼠标右键选择"粘贴行为（覆盖）"命令（见图3-91）。

第四步，设置各帧"我要点单"按钮的行为。

首先将第3～9帧"我要点单"按钮命名为"我要点单3""我要点单4""我要点单5"等，并将所有按钮"透明度"设置为0。选择第1帧的"米粉种类"文本，打开"编辑面板行为"，查看已有的行为，并进行描述（见图3-92）。

图3-91　各帧"返回地图"按钮行为设置

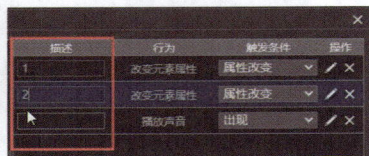

图3-92　行为描述设置

接下来设置第3帧"我要点单"按钮的行为。添加"改变元素属性"行为，"描述"为3，"触发条件"为属性改变。打开"参数"面板，设置"元素名称"为我要点单3，"元素属性"为透明度，"赋值方式"为用设置的值替换现有值，"取值"为100。"执行条件"为检查元素状态，逻辑条件为米粉种类的文本或取值大于等于3（见图3-93）。

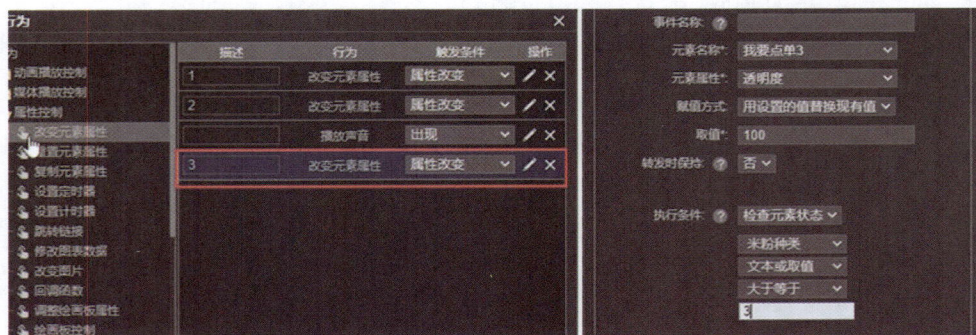

图3-93　第3帧"我要点单"按钮"改变元素属性"行为设置

※ 实战技巧：交互效果相同时，建议先分析行为并对行为进行描述，再复制、粘贴行为。粘贴行为分覆盖与插入两种情况。粘贴（覆盖）行为，即覆盖已有的行为。粘贴（插入）行为，即在原有行为的基础上插入新行为。

最后用同样的方法设置第 4 ～ 9 帧"我要点单"按钮行为（见图 3-94）。预览效果，检查行为设置是否成功。

※ 实战技巧：预览时如发现问题，查看问题页面的帧号。选择"米粉种类"文本，打开"编辑行为"面板，选择对应帧号描述的行为，检查并修改其参数，直至效果实现。

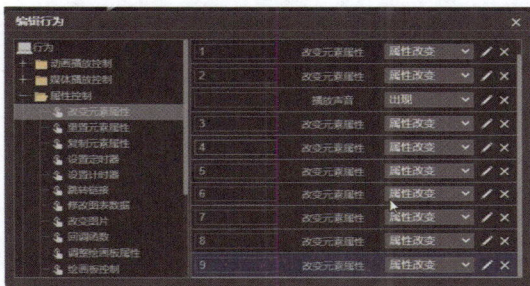

图 3-94　第 4 ～ 9 帧"我要点单"按钮行为设置

※ 工匠精神：对待工作要严谨、认真、细致。在容易出错的地方更需小心，谨慎设置每一个步骤，并反复检查以确保无误，使效果完美呈现。

【实战解析二：设置自主点单交互效果】

页面上循环展示 8 种湖湘米粉，也可以手动查看湖湘米粉种类。填写好桌号，确认湖湘米粉种类后，点单信息与出货单一一对应。如果不满意，可以重新点单。

知识点

播放行为、上一帧行为、下一帧行为、设置定时器、输入框的设置、属性关联、改变元素属性行为、重置元素属性行为等。

✓ 效果描述

1. 实现 8 种湖湘米粉循环展示的效果。

2. 实现手动查看湖湘米粉种类的效果。

3. 实现填写的桌号、确认的湖湘米粉种类与出货单信息一一对应，包括对应的桌号、确定的湖湘米粉名称和湖湘米粉图片。

4. 实现重新点单的效果。

🔧 效果制作

↘ 一、设置播放行为、上一帧行为和下一帧行为

实现效果描述 1 和 2，涉及的知识点为播放行为、上一帧行为、下一帧行为、定时器的设置。

1. 页面布局

在舞台上新建第 2 个页面，设置 4 个图层，依次导入素材。

第 1 层 "背景" 图层，导入素材 1（背景），效果持续 8 帧。

第 2 层 "米粉种类" 图层，第 1 ～ 8 帧分帧导入素材 3（各地区米粉）（见图 3-95）。设置这 8 帧图片的属性，其位置和大小保持一致，"宽" 为 320.0 像素、"高" 为 356.0 像素、"左" 为 0.0 像素、"上" 为 90.0 像素。

扫一扫

微课做中学

图 3-95　第 1 ～ 8 帧分帧导入素材设置

第 3 层 "控制" 图层导入平台素材库的公有资源。打开下拉式菜单，找到 "按钮" 类别，将目标元素添加到舞台，设置其大小、位置、左右翻转等（见图 3-96）。效果持续 8 帧。

图 3-96　"控制" 图层导入素材库公有资源设置

第 4 层 "文字" 图层，用文字工具制作 "请输入" 文本，调整文字大小及颜色。文本后面的框用输入框工具制作，并在 "专有属性" 面板上设置大小、提示文字和必填项（见图 3-97）。最后完成 "确认" 按钮的制作。

图 3-97　输入框设置

2. 行为设置

第一步，实现第 1 帧出现 2 秒后自动播放第 2 帧的效果。新建 1 个图层，命名为 "控制器"。在舞台外绘制一个矩形，添加暂停行为，"触发条件" 为出现。在舞台外添加一个定时器，在 "属性" 面板上设置 "长度" 为 2 秒，添加播放行为，"触发条件" 为定时器时间到（见图 3-98）。

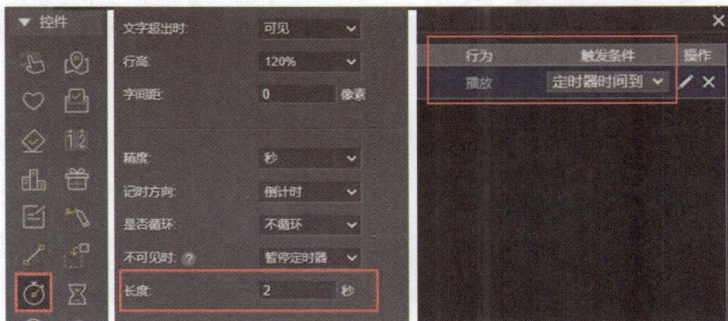

图 3-98　定时器设置

第二步，实现第 2 ～ 8 帧出现 2 秒后自动播放效果。选择第 2 帧，单击鼠标右键，选择 "插入关键帧" 命令（快捷键为 F6）。此时的第 2 帧包含设置了暂停行为的矩形和设置了时间到就播放的定时器。用同样的方法，完成第 3 ～ 8 帧的设置。

第三步，实现第 1 ～ 8 帧逐帧点击查看效果。

首先，为 "控制" 图层的第 1 帧的左右按钮设置行为。选择左边的按钮，添加跳转到帧并停止行为，"触发条件" 为点击，打开 "参数" 面板，设置 "帧号" 为 8（见图 3-99）。选择右边的按钮，添加下一帧行为，"触发条件" 为点击。

109

图 3-99　第 1 帧左右按钮行为设置

接下来，设置第 2～7 帧的左右按钮的行为（见图 3-100）。在第 2 帧插入关键帧，将左边的按钮行为调整为上一帧，"触发条件"为点击。在第 3～7 帧插入关键帧，行为保持不变。

图 3-100　第 2～7 帧左右按钮行为设置

最后，完成第 8 帧左右按钮行为的设置（见图 3-101）。在第 8 帧插入关键帧，将右边按钮的行为调整为跳转到帧并停止，"触发条件"为点击，打开"参数"面板，设置"帧号"为 1。预览效果，效果实现。

※ 实战技巧：为了实现每帧重新计时，可在每帧添加 1 个定时器。也可只用 1 个定时器控制整段动画，但需在定时器"属性"面板上设置循环属性。

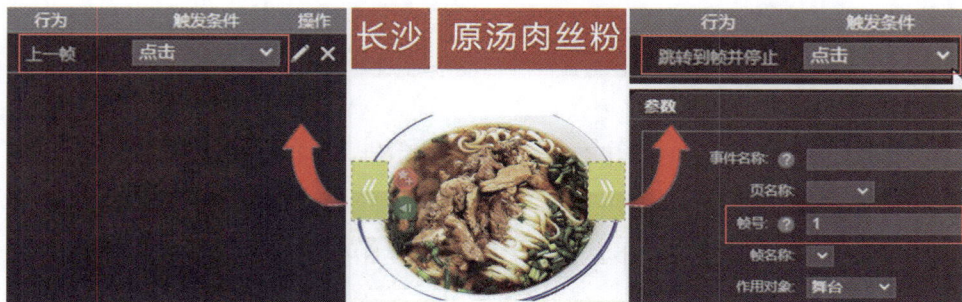

图 3-101　第 8 帧左右按钮行为设置

3．技术小结

实战解析二自主点单交互效果（播放行为、上一帧行为和下一帧行为）设置如表3-11所示。

表 3-11　实战解析二自主点单交互效果（播放行为、上一帧行为和下一帧行为）设置

对象	行为	触发条件	参数设置	效果
矩形	暂停	出现	无	暂停动画
定时器 （第1～8帧）	播放	定时器时间到	无	第1～8帧出现2秒后 自动播放
左按钮 （第2～8帧）	上一帧	点击	无	
右按钮 （第1～7帧）	下一帧	点击	无	第1～8帧逐帧点击 查看
左按钮 （第1帧）	跳转到帧并停止	点击	跳转帧号：8	
右按钮 （第8帧）	跳转到帧并停止	点击	跳转帧号：1	

↘ 二、设置重置元素属性行为

实现效果描述3和4，涉及的知识点为输入框的设置、属性关联、改变元素属性行为、重置元素属性行为。

1．页面布局

获取点单信息页面的布局设置（见图3-102）。在新的页面（即页面3）上创建2个图层。第1层为文字图层，第1行的小字由3个文本组成；第2行的大字由2个文本组成；下方再加上一个文本和按钮。第2层为图片图层，导入8张湖湘米粉图片素材，放置在舞台外。所有图片的宽设置为190.0像素，高等比例缩放。

图 3-102　获取点单信息页面的布局设置

111

2. 行为设置

第一步，实现输入的内容即为文本显示的内容。返回第2页，在"确认"按钮上设置下一页行为，"触发条件"为点击。将输入框命名为"文本输入1"。选择第3页最上面中间的红色文本，找到"属性"面板中的文本内容，单击右侧的"链接"按钮，设置"关联对象"为文本输入1，"关联属性"为文本或取值（见图3-103）。预览效果，在第2页输入桌号，单击"确认"按钮，第3页出现对应的桌号。效果制作完成。

第二步，实现确认的图片信息即为文本显示的内容（第1帧至第2帧）。

首先，选择第3页第2行的红色文本进行设置（见图3-104），将其命名为您的米粉。选择第2页的第1帧常德津市牛肉粉页面，在舞台外添加文本，为了便于设置，文本内容为常德。为常德文本添加"改变元素属性"行为，"触发条件"为出现，"元素名称"为您的米粉，"元素属性"为文本或取值，"赋值方式"为用设置的值替换现有值，"取值"为津市牛肉粉（见图3-105）。

图3-103　文本内容关联设置

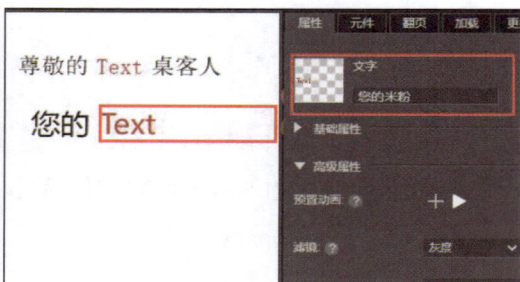

图3-104　第3页第2行的红色文本设置

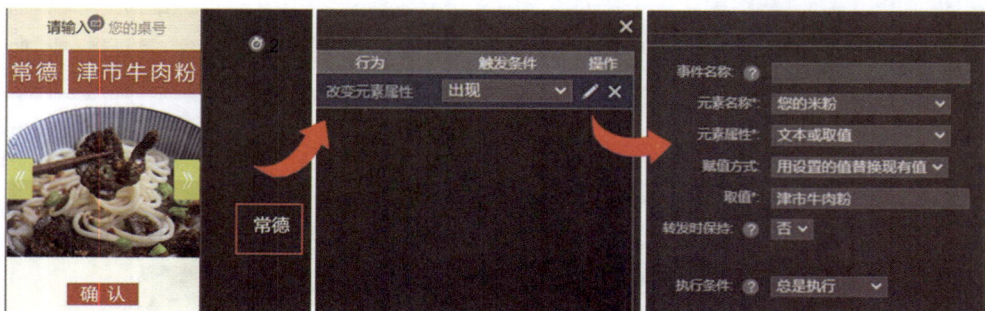

图3-105　常德文本改变文本属性行为设置

然后，复制常德文本，选择第2页的第2帧郴州栖凤渡鱼粉页面，粘贴文本，并对该文本进行修改设置。文本内容改为郴州，打开"编辑行为"面板修改其参数，"取值"改为栖凤渡鱼粉，其他不变（见图3-106）。单击"确认"按钮，查看效果。

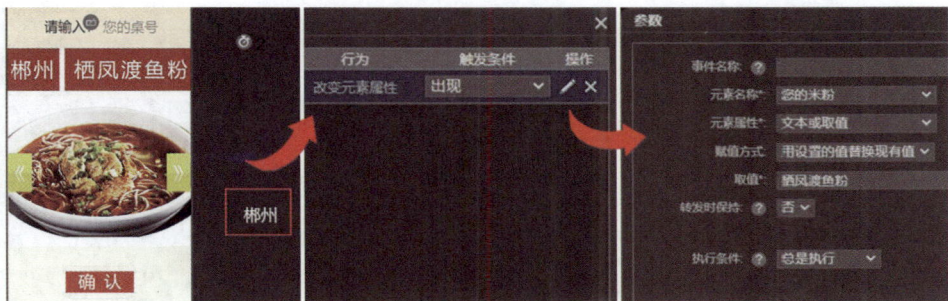

图 3-106　郴州文本改变文本属性行为设置

第三步，实现确认的图片信息即为图片展示的内容（第 1 ～ 2 帧）。首先，选择第 3 页舞台外的常德津市牛肉粉图片，将其命名为"津"。选择第 2 页舞台外的"常德"文本，添加改变元素属性行为，"触发条件"为出现，"元素名称"为津，"元素属性"为左，"赋值方式"为用设置的值替换现有值，"取值"为 65。再次添加改变元素属性行为，将津的"元素属性"设置为上，"取值"设置为 225，其他设置不变（见图 3-107）。

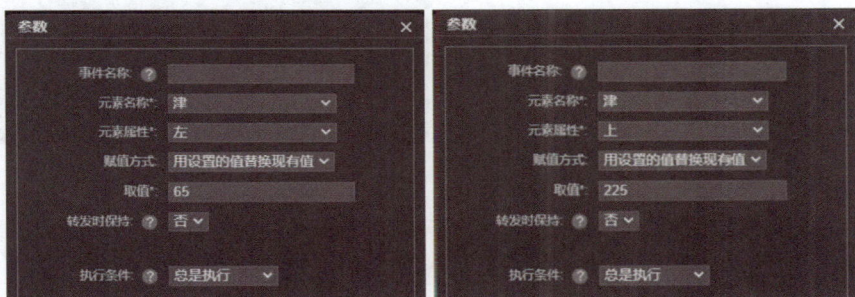

图 3-107　常德文本改变津图片属性行为设置

然后，选择第 3 页舞台外的郴州栖凤渡鱼粉图片，将其命名为"栖"，并进行属性行为的设置（见图 3-108）。回到第 2 页的第 1 帧，复制常德文本的行为。选择第 2 页第 2 帧的"郴州"文本，查看文本行为并进行描述。再次选择郴州文本，单击鼠标右键选择"粘贴行为（插入）"命令。打开"编辑行为"面板，除了描述的行为，其他行为都是粘贴的行为。分享其行为，第 2 个行为多余，删除即可。修改第 3 个和第 4 个行为的参数，将"元素名称"改为栖，其他不变。预览效果，常德津市牛肉粉效果正确，郴州栖凤渡鱼粉效果错误，原因是常德津市牛肉粉图片显示后没有归位。

最后，选择第 2 页第 2 帧的"郴州"文本，添加重置元素属性行为，"触发条件"为出现，"元素名称"为津，"元素属性"为所有属性（见图 3-109）。使用同样的方法，选择第 2 页第 1 帧的"常德"文本，添加重置元素属性行为，"元素名称"设置为栖，其他设置不变。预览效果，效果实现。

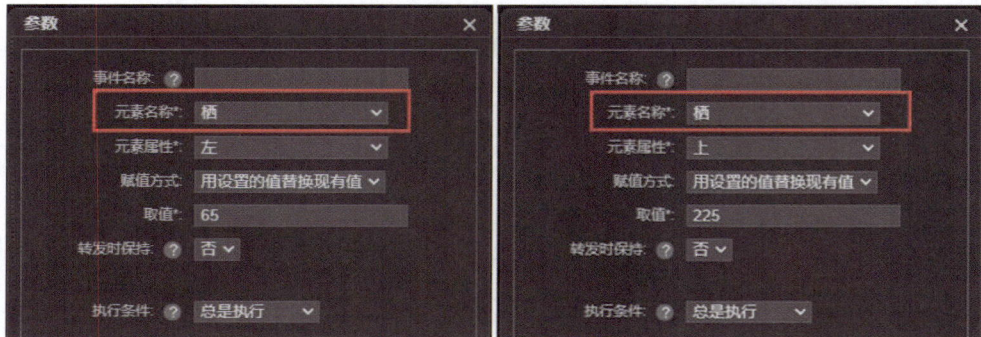

图 3-108　郴州文本改变栖图片属性行为设置

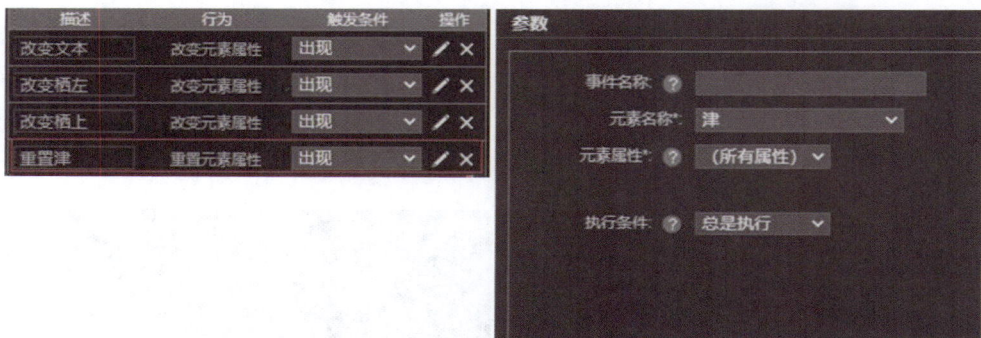

图 3-109　郴州文本重置元素属性行为设置

※ 实战技巧：不仅文本内容与输入框内容可以进行关联，"属性"面板中带链接符号的参数也可以进行关联。

第四步，设置完整效果。

首先，完善第 1 帧的行为。选择第 3 页舞台外的其他图片，依次命名。回到第 2 页的第 1 帧，选择"常德"文本，分析其行为，对所有行为进行描述（见图 3-110）。继续添加6 个重置元素属性行为（见图 3-111），"触发条件"全部设置为出现，对除了津之外的其他图片重置所有属性，并做好行为描述。

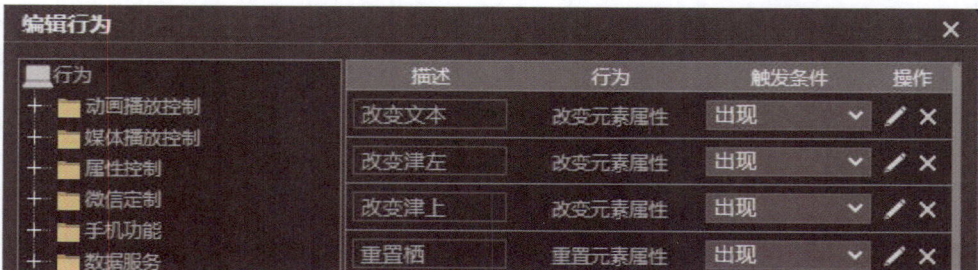

图 3-110　对常德文本已有的行为进行描述设置

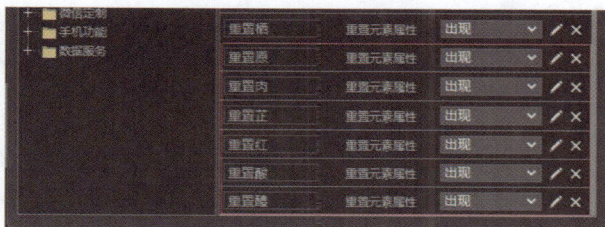

图 3-111 常德文本添加重置元素行为设置

接下来，完善第 2 帧的行为。选择"常德"文本，单击鼠标右键选择"复制行为"命令，选择第 2 帧。为了便于操作，可对之前的行为做好描述，再执行行为的"粘贴（插入）"命令。打开"编辑行为"面板，删除多余的行为，只留下新增的重置行为。第 2 帧的行为设置完成。

最后，设置第 3 ~ 8 帧的行为。复制第 2 帧的"郴州"文本，将其粘贴到第 3 帧，文本内容调整为衡阳，并设置行为。打开"编辑行为"面板，修改其参数。选择第 1 个改变元素属性行为，打开"参数"面板，将"取值"改为肉蛋粉，其他不变（见图 3-112）。

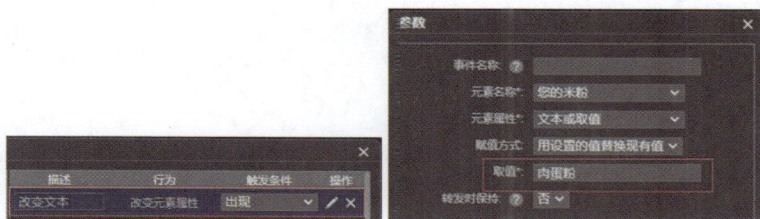

图 3-112 衡阳文本第 1 个行为修改设置

选择第 2 个改变元素属性行为，"描述"调整为改变肉左，打开"参数"面板，将"元素名称"改为肉（见图 3-113）。选择第 3 个改变元素属性行为，"描述"调整为改变肉上，打开"参数"面板，将"元素名称"改为肉（见图 3-114）。选择第 6 个重置元素属性行为，"描述"改为重置栖，打开"参数"面板，将"元素名称"改为栖（见图 3-115），其他行为保持不变。用同样的方法设置好其他帧的行为。

图 3-113 衡阳文本第 2 个行为修改设置

图 3-114　衡阳文本第 3 个行为修改设置

图 3-115　衡阳文本第 6 个行为修改设置

第五步，设置不满意时"重新点单"的效果。选择"重新点单"按钮，添加上一页行为，"触发条件"为点击。

※ 实战技巧：改变元素属性行为不仅可以改变元素的文本或取值、左坐标、上坐标，还可以改变元素的透明度、旋转角度等。

3. 技术小结

实战解析二自主点单交互效果（重置元素属性行为）设置如表 3-12 所示。

表 3-12　实战解析二自主点单交互效果（重置元素属性行为）设置

对象	链接或行为	触发条件	参数设置	效果
文本内容	输入框文本或取值	无	无	获取输入的内容
第2页文本（第1～8帧）	改变元素属性	出现	第3页的文本或取值对应文字信息	获取确认元素的文字信息
第2页文本（第1～8帧）	改变元素属性	出现	第3页对应图片左坐标为65，上坐标为225	获取确认元素的图片信息
第2页文本（第1～8帧）	重置元素属性	出现	重置除了本帧对应图片的其他7张图片所有属性	
"重新点单"按钮	上一页	点击	无	重新点单

【实战解析三：设置单选与多选交互效果】

对"嗦粉"暗号，重挑和轻挑二选一。免味、免青、免色三者随便选。"嗦粉"暗号与出货单一一对应。如果不满意，可以重新对暗号。

知识点

播放元件片段行为、交互区域的设置、改变元素属性行为、跳转到页行为、重置元素属性行为等。

☑ 效果描述

1. 实现重挑、轻挑二选一的交互效果。点击重挑或轻挑，对应的元素沿中心缩放，并显示解说词。

2. 出货单显示单选结果。

3. 实现免味、免青、免色多选的交互效果。点击免味、免青或免色，对应的元素沿中心缩放，并显示解说词。

4. 出货单显示多选结果。

5. 实现重新对"嗦粉"暗号的效果。

✖ 效果制作

↘ 一、设置交互区域和播放元件片段行为

实现效果描述 1 和 2，涉及的知识点为播放元件片段行为、交互区域的设置、改变元素属性行为。

1. 页面布局

在第 2 页与第 3 页之间插入 1 页，此时原来的页码会发生变化，为了方便设置，应给每个页面命名。将第 1 页命名为"湖湘米粉介绍页"，第 2 页命名为"自主点单页"，第 3 页命名为"嗦粉暗号页"，第 4 页命名为"自主点单结果页"。在"嗦粉暗号页"导入图片素材和音效素材并调整页面布局（见图 3-116）。

2. 动画设置

第一步，完成元件动画的页面布局设置（见图 3-117）。选择重挑和轻挑图片，单击鼠标右键，将其转化为元件。双击进入"元件编辑"面板。创建 4 个图层"轻挑解说词""轻挑""重挑解说词""重挑"，将重挑图片、轻挑图片及二者的解说词分别放置其中。

扫一扫

微课做中学

117

图 3-116 "嗦粉暗号页"页面布局设置

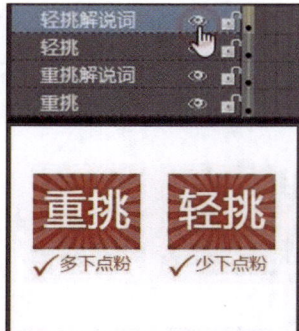

图 3-117 元件页面布局设置

第二步，完成元件动画 4 个图层的设置（见图 3-118）。

首先，设置"重挑"图层的动画效果。选择"重挑"图层的第 6 帧，插入关键帧动画；选择第 2 帧，插入关键帧；选择第 4 帧，插入关键帧；使用变形工具，按住"Ctrl"键的同时向外拖动图片四角，使元素从中心放大。

然后，设置"重挑解说词"图层的效果。将重挑解说词的关键帧放置在第 4 帧，并在第 6 帧插入帧，使重挑解说词在第 4～6 帧出现。

接着，设置"轻挑"图层的动画效果。选择"轻挑"图层的第 6 帧，插入帧；选择第 7 帧，插入关键帧；复制第 1 帧的关键帧并粘贴在第 7 帧；在第 11 帧插入关键帧动画；选择第 9 帧，插入关键帧；使用变形工具往外拉的同时按"Ctrl"键，使元素从中心放大。

接下来，设置"轻挑解说词"图层的效果。将轻挑解说词的关键帧放置在第 9 帧，并在第 11 帧插入帧，使轻挑解说词在第 9～11 帧出现。

最后，设置好整体效果。把"重挑"图层的静态效果延续至第 11 帧。选择"重挑"图层，在第 7 帧插入关键帧；复制第 6 帧的关键帧，并粘贴在第 7 帧；选择 11 帧，插入帧。播放动画，效果实现。

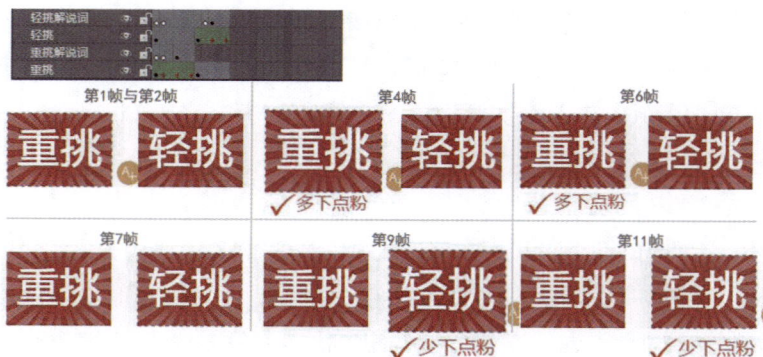

图 3-118 元件动画 4 个图层的设置

3. 行为设置

第一步，设置元件动画暂停播放的效果。在"元件动画编辑"面板新建一个图层，命名为"控制"。在舞台外绘制 1 个矩形，设置出现即暂停的行为，并删除第 2 ～ 11 帧，使暂停行为只出现在第 1 帧。

第二步，设置点击重挑，播放相关动画。返回舞台，给元件命名为"重挑轻挑元件"。在"舞台编辑"面板新建一个图层，命名为"控制"。绘制一个与重挑图片等大、位置相同，并且透明的矩形，作为交互区域。添加"播放元件片段"行为（见图 3-119），"触发条件"为点击，"元件实例名称"为重挑轻挑元件（元件实例），"起始帧号"为 2，"结束帧号"为 6。

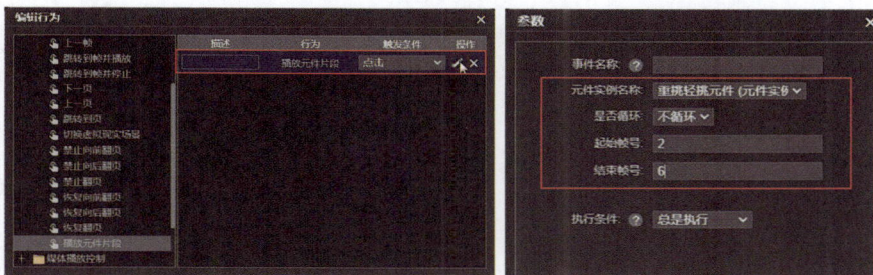

图 3-119　添加"播放元件片段"行为设置

※ 实战技巧：交互区域必须放在最上层，即所有元素的最上方，否则会影响交互效果。

第三步，设置点击轻挑，播放相关动画。复制透明矩形，放在轻挑图片的位置上。打开"编辑行为"面板，调整参数，将"起始帧号"改为 7，"结束帧号"改为 11。

第四步，设置显示单选结果。选择"自主点单结果页"，将需要显示的文本命名为"重轻挑结果"。返回"嗦粉暗号页"，选择"重挑"上方的透明矩形，添加"改变元素属性"行为，"触发条件"为点击，"元素名称"为重轻挑结果，"元素属性"为文本或取值，"赋值方式"为用设置的值替换现有值，"取值"为重挑（见图 3-120）。用同样的方法为轻挑上方的透明矩形添加改变元素属性行为，将"取值"设置为轻挑，其他设置与之前一致。

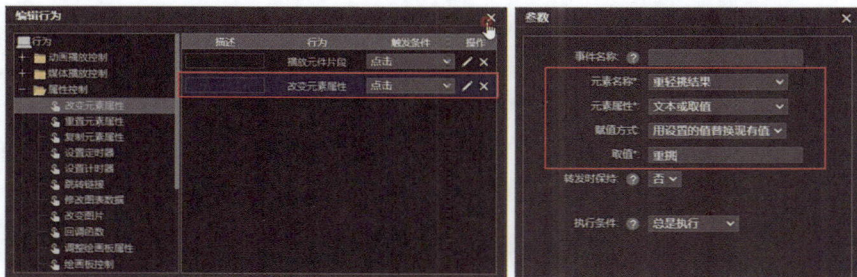

图 3-120　设置显示单选结果

※ 实战技巧：设置透明交互区域不影响作品的整体效果，可根据需求将其设置成任何形状和大小。

4. 技术小结

实战解析三单选与多选交互效果（交互区域和播放元件片段行为）设置如表3-13所示。

表3-13　实战解析三单选与多选交互效果（交互区域和播放元件片段行为）设置

对象	行为	触发条件	参数设置	效果
元件动画（第1帧）	暂停	出现	无	元件动画暂停播放
重挑 透明交互区域	播放元件片段	点击	起始帧号：2 结束帧号：6	播放元件动画中第2～6帧的效果
轻挑 透明交互区域	播放元件片段	点击	起始帧号：7 结束帧号：11	播放元件动画中第7～11帧的效果
重挑 透明交互区域	改变元素属性	点击	元素名称：重轻挑结果 元素属性：文本或取值 赋值方式：用设置的值替换现有值 取值：重挑	获取单选信息
轻挑 透明交互区域	改变元素属性	点击	元素名称：重轻挑结果 元素属性：文本或取值 赋值方式：用设置的值替换现有值 取值：轻挑	

↘ 二、设置执行条件和跳转到页行为

实现效果描述3和4，涉及的知识点为播放元件片段行为、交互区域的设置、改变元素属性行为、跳转到页行为、重置元素属性行为。

1. 动画设置

第一步，完成元件动画的布局。选择免味图片，将其转换为元件。进入"元件编辑"面板，设置"免味"和"解说词"2个图层，并分层放置好图片和文字。

第二步，设置第1个莫放味精的动画效果。选择"免味"图层，在第6帧插入关键帧动画；选择第2帧，插入关键帧；选择第4帧，插入关键帧，并按住"Ctrl"键，同时使用缩放工具往外拉拽图片。选择"解说词"图层，将关键帧拖动到第4帧，选择第9帧，插入帧。

第三步，设置第2个正常味精的动画效果（见图3-121）。选择"免味"图层，在第7帧插入关键帧；选择第6帧，复制关键帧并粘贴在第7帧中；选择第11帧，插入关

键帧动画；选择第 9 帧，插入关键帧并等比例放大免味图片。选择"解说词"层，在第 7 帧插入关键帧；在第 9 帧再次插入关键帧；选择第 4 帧，复制关键帧并粘贴在第 9 帧中，改变第 9 帧的文字内容、符号等。

图 3-121　免味元件动画关键帧设置

2. 行为设置

第一步，设置元件动画暂停播放的效果。新建 1 个图层，在舞台外绘制 1 个矩形，设置出现即暂停的行为，并删除第 2 ～ 11 帧。

第二步，设置第 1 次点击免味，播放莫放味精的动画效果。

首先，返回舞台，将元件命名为"免味元件"。在"控制"图层设置一个与免味元件等大且位置相同的透明矩形作为交互区域。

接下来，新建一个文本框，将内容设置为 0，命名为"免味数值"，用来记录点击免味的次数。

然后，为透明矩形添加"改变元素属性"行为，"触发条件"为点击。打开"参数"面板，设置"元素名称"为免味数值，"元素属性"为文本或取值，"赋值方式"为在现有值基础上增加，"取值"为 1（见图 3-122）。

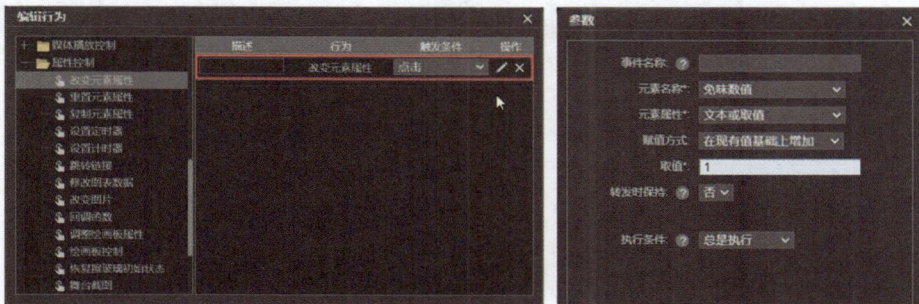

图 3-122　透明矩形添加改变元素属性行为设置

最后，选择免味数值，添加"播放元件片段"行为，"触发条件"为属性改变。打开"参数"面板，设置"元件实例名称"为免味元件（元件实例），"起始帧号"为 2，"结束帧号"为 6。"执行条件"为检查元素状态，逻辑条件为免味数值的文本或取值等于 1（见图 3-123）。

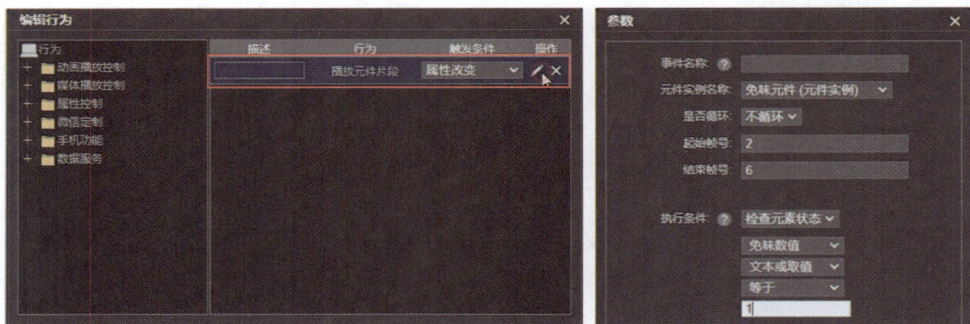

图 3-123　免味数值添加播放元件片段行为设置

第三步，设置第 2 次点击免味，播放正常味精的动画效果。选择免味数值，再次添加"播放元件片段"行为，"触发条件"为属性改变。打开"参数"面板，设置"起始帧号"为 7，"结束帧号"为 11，逻辑条件是免味数值的文本或取值等于 2，其他参数不变（见图 3-124）。

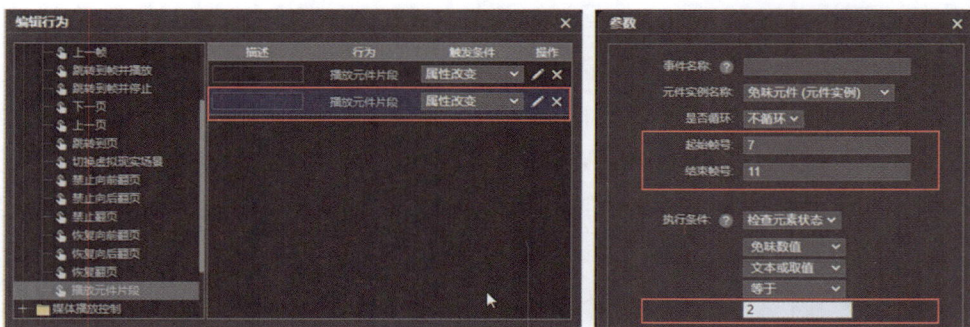

图 3-124　免味数值再次添加播放元件片段行为设置

第四步，设置多次点击，依次循环播放动画的效果。选择透明矩形，再次添加"改变元素属性"行为，"触发条件"为点击。打开"参数"面板，"元素名称"设置为免味数值，"元素属性"为文本或取值，"赋值方式"为用设置的值替换现有值，"取值"为 1，"执行条件"为检查元素状态，逻辑条件为免味数值的文本或取值大于 2（见图 3-125）。

第五步，获取多次点击后的信息。

首先，选择"自主点单结果页"中需要显示的文本，将其命名为"味精结果"，并添加"改变元素属性"行为，"触发条件"为出现。打开"参数"面板，设置"元素名称"为味精结果，"元素属性"为文本或取值，"赋值方式"为用设置的值替换现有值，"取值"为莫放味精，"执行条件"为检查元素状态，逻辑条件为免味数值的文本或取值等于 1（见图 3-126）。

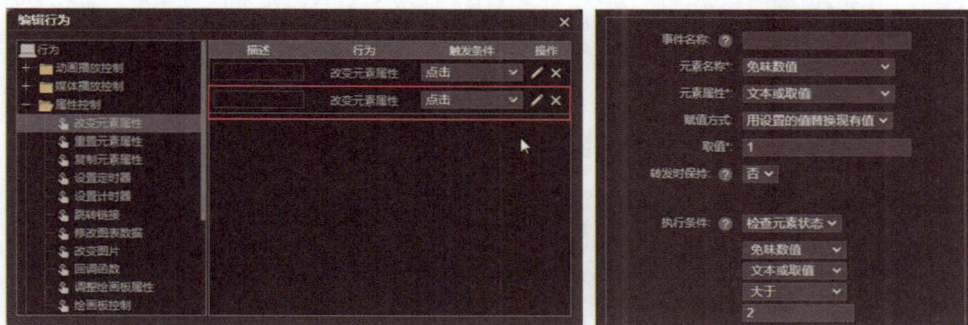

图 3-125　透明矩形再次添加改变元素属性行为设置

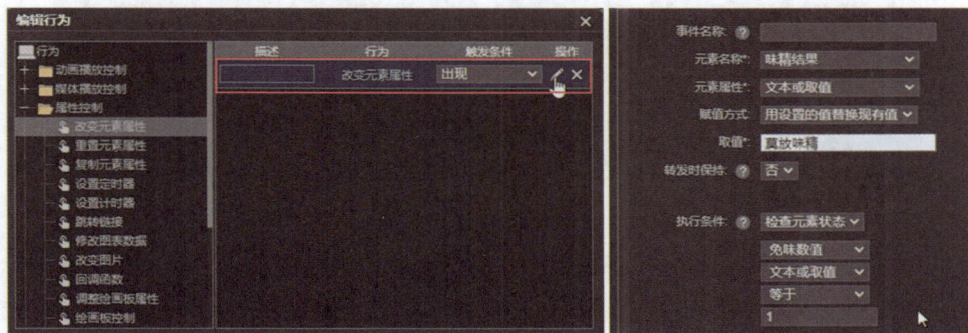

图 3-126　味精结果文本添加改变元素属性行为设置

然后，再次添加"改变元素属性"行为，"触发条件""元素名称""元素属性"和"赋值方式"都不变，将"取值"设置为正常味精，"执行条件"不变，逻辑条件设置为免味数值的文本或取值等于 2（见图 3-127）。

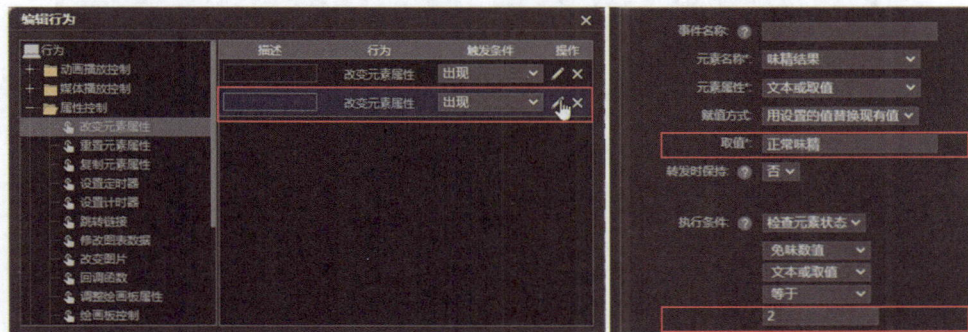

图 3-127　味精结果文本再次添加改变元素属性行为设置

（接上页）

第六步，完成其他多选项的交互效果制作。

首先，完成兔青交互效果的制作。用同样的方法制作兔青元件动画。按"Ctrl+C"键复制已经设置好的兔味透明交互区域，按"Ctrl+V"键粘贴该透明交互区，并将其放置在兔青交互区域。新建文本框，将内容设置为 0，命名为"兔青数值"。

其次，选择粘贴而来的透明交互区域，打开"参数"面板，将 2 个改变元素属性行为中的所有事件名称中的元素名称改为兔青数值（见图 3-128）。

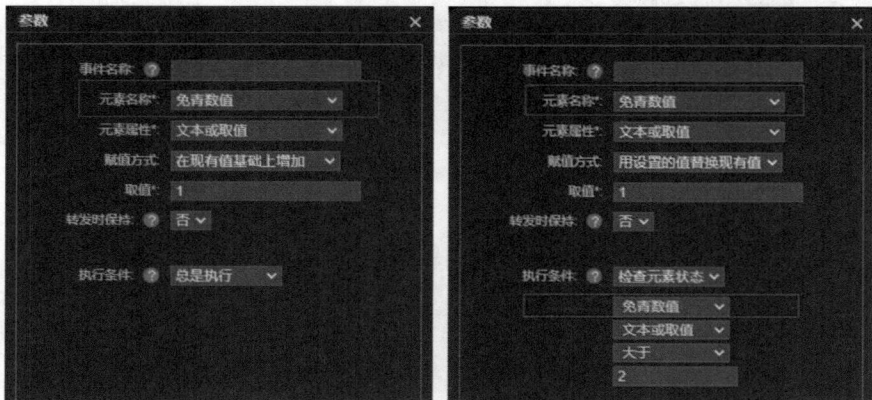

图 3-128　所有事件名称中的元素名称改为兔青数值

接下来，复制兔味数值文本的行为，并将其粘贴在兔青数值文本上。修改其参数，将 2 个播放元件片段行为中的所有的"元件实例名称"改为兔青元件（元件实例），所有的"执行条件"中的元素名称改为兔青数值（见图 3-129）。

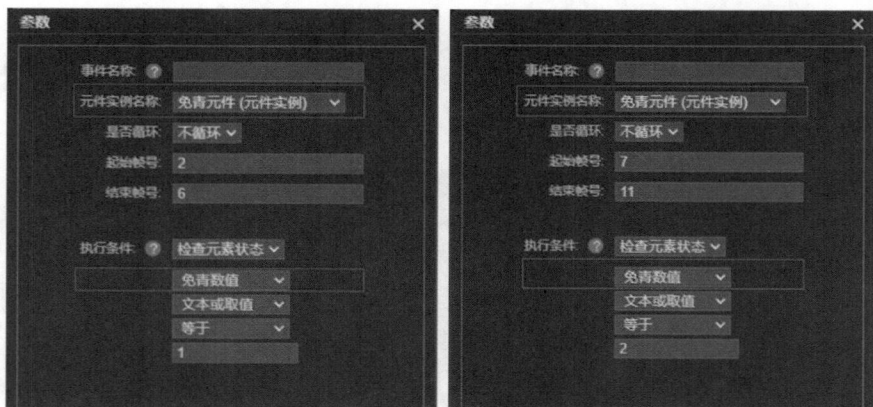

图 3-129　"元件实例名称"与"执行条件"中的元素名称修改

然后，选择"自主点单结果页"，修改青芹结果文本行为参数（见图 3-130）。将显示结果的文本命名为"青芹结果"，复制味精结果文本的行为，将其粘贴在青芹结果文本的行为设置上。将 2 个改变元素属性行为中的"元素名称"改为青芹结果,"取值"分别改为莫放青芹和正常青芹,将 2 个行为的"执行条件"中的元素名称都改为免青数值。

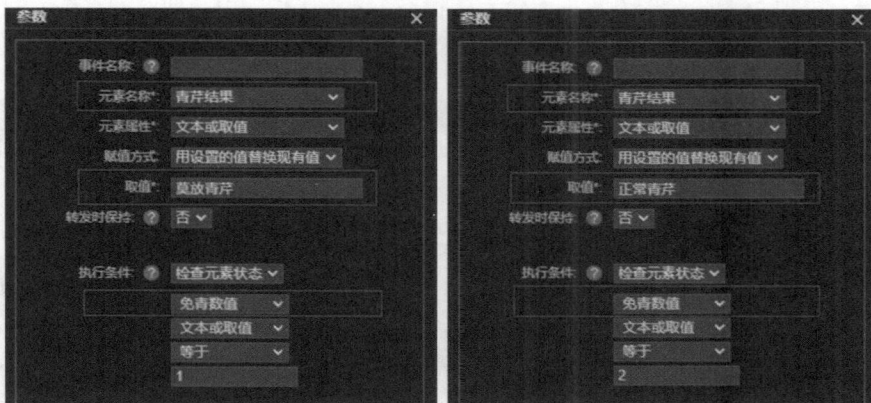

图 3-130　青芹结果文本行为的修改设置

最后,用同样的方法,复制、粘贴并修改行为,完成免色交互效果的设置。

第七步,实现"确认"和"重复点单"按钮的设置。

首先,完成"确认"按钮的设置。选择"嗦粉暗号页",在"确认"按钮上添加下一页行为,"触发条件"为点击。

其次,实现免味、免青和免色多选项的重复点单效果。选择"自主点单结果页"中的"重复点单"按钮,删除原来的行为设置。添加"跳转到页"的行为,设置"页号"为 2,"页名称"为自主点单页。再次添加 3 个"重置元素属性"行为,重置免味数值、免青数值、免色数值的所有属性(见图 3-131)。预览效果,虽然免味数值、免青数值和免色数值全为 0,但 3 个元件并没有回到初始状态。

图 3-131　"重复点单"按钮行为设置

125

　　然后，选择"免味数值"文本，添加"播放元件片段"行为（见图 3-132），设置"触发条件"为属性改变，"元件实例名称"为免味元件（元件实例），"起始帧号"和"结束帧号"都为 1，"执行条件"为检查元素状态，逻辑条件为免味数值的文本或取值等于 0。

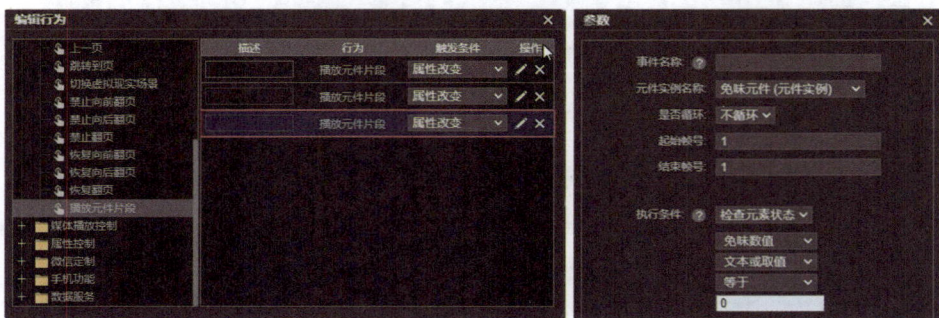

图 3-132　免味数值文本添加播放元件片段行为设置

　　接下来，完成免青数值和免色数值文本行为设置（见图 3-133）。对免味数值文本的行为做好描述，复制此行为并粘贴（插入）在免青数值上。将多余的行为删除，只留下执行条件取值为 0 的行为，修改其参数。"元件实例名称"改为免青元件（元件实例），"执行条件"中的元素名称改为免青数值，其他参数保持不变。用同样的方式设置免色数值，调整对应的参数。

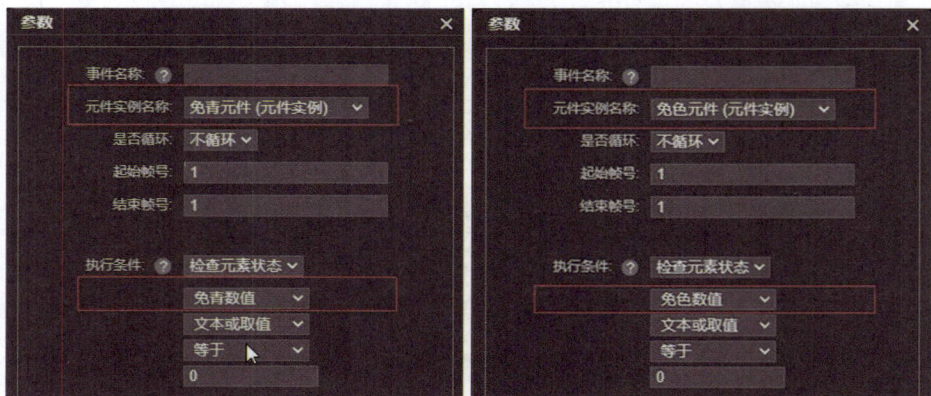

图 3-133　免青数值和免色数值文本行为设置

　　最后，实现重挑和轻挑单选项的重复点单效果。选择自主点单结果页中的"重复点单"按钮，添加播放元件片段行为，设置"元件实例名称"为重挑轻挑元件，"起始帧号"和"结束帧号"都为 1。预览效果，效果实现。

　　※ 实战技巧：使用文本记录行为是非常实用的制作小技巧。

3. 技术小结

实战解析三单选与多选交互效果（执行条件和跳转到页行为）设置如表 3-14 所示。

表 3-14　实战解析三单选与多选交互效果（执行条件和跳转到页行为）设置

对象	行为	触发条件	参数设置	执行条件	效果
元件动画（第1帧）	暂停	出现	无	无	元件动画暂停播放
3个透明交互区域（"嗦粉暗号页"）	改变元素属性	点击	3个计数文本取值在现有值基础上+1	无	分别记录3个透明交互区域的点击次数
3个计数文本（"嗦粉暗号页"）	播放元件片段	属性改变	起始帧号：2结束帧号：6	免味数值文本或取值等于1	播放元件动画第2～6帧的效果（多选元件）
	播放元件片段	属性改变	起始帧号：7结束帧号：11	免味数值文本或取值等于2	播放元件动画第7～11帧的效果（多选元件）
3个透明交互区域（"嗦粉暗号页"）	改变元素属性	点击	3个计数文本取值设置为1	免味数值文本或取值大于2	播放元件动画第2～6帧的效果，且依次循环
3个显示结果文本（"自主点单结果页"）	改变元素属性	出现	文本或取值为对应内容	免味数值等于1	获取多选信息
	改变元素属性	出现	文本或取值为对应内容	免味数值等于2	
"确认"按钮（"嗦粉暗号页"）	下一页	点击	无	无	跳转到下一页
"重新点单"按钮（"自主点单结果页"）	跳转到页	点击	页号：2页名称：自主点单页	无	跳转到第2页（自主点单页）
	重置元素属性	点击	3个计数文本所有属性	无	3个计数文本为0
	播放元件片段	点击	起始帧号：1结束帧号：1	无	展示元件动画第1帧的效果（单选元件）

【实战解析四：设置"盲盒"点单交互效果】

模拟开"盲盒"的形式，让用户随机对 8 种米粉进行选择。用户如果不满意，可以重新随机点单。

知识点

跳转到帧并播放行为。

☑ 效果描述

1. 实现 8 种米粉的展示动画效果。

2. 实现"盲盒"点单结果动画。每种米粉被选中后，由原位置移动到舞台中心，同时等比例放大。

3. 实现随机点单和再次点单的效果。

✖ 效果制作

1. 页面布局

新建 1 页，将其命名为"'盲盒'点单页"，做好页面布局（见图 3-134）。

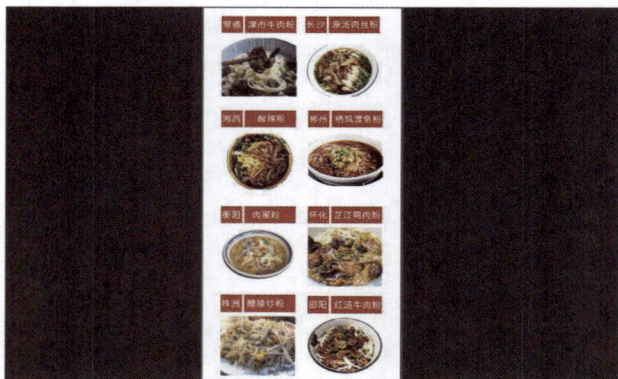

图 3-134　页面布局设置

2. 动画设置

第一步，制作 8 种米粉的展示动画。

首先，使页面布局效果延续 80 帧。选择"背景"图层的第 80 帧，插入关键帧。

然后，制作常德津市牛肉粉由红线环绕、逐渐被包围的效果。新建"常德框"图层，设置 1 个与常德津市牛肉粉图片等大且同位置的矩形，设置填充色的"透明度"为 0，"边框色"为红色。选择第 10 帧，插入关键帧，并在第 1 ~ 9 帧的位置插入进度动画，删除第 11 ~ 80 帧。

接下来，用同样的方法制作所有元素的展示动画效果，并为每个图层命名（见图 3-135）。

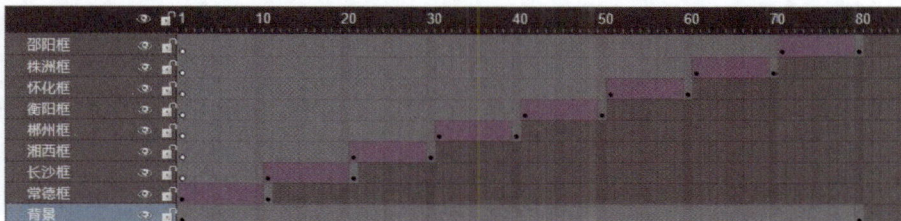

图 3-135　展示动画效果设置

第二步，制作"盲盒"点单结果动画。

首先，在"常德框"图层的上面新建 1 个图层，命名为"常德结果"，选择第 81 帧，插入关键帧。复制常德津市牛肉粉和常德框（可选择"常德框"图层的第 10 帧，框选常德津市牛肉粉图片和红框），按"Ctrl+Shift+V"键，将其同位置粘贴在第 81 帧。选择第 85 帧，插入关键帧动画，修改第 85 帧的参数："宽"为 320.0 像素，"左"为 0.0 像素，"上"为 133.0 像素。

接下来，用同样的方法制作所有点单结果的动画，并为每个图层命名（见图 3-136）。

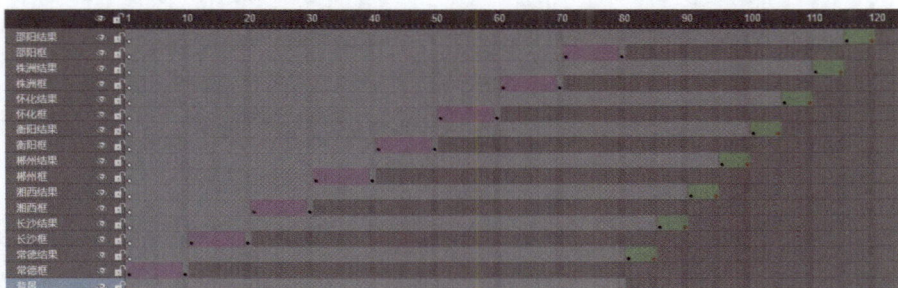

图 3-136　结果动画设置

3. 行为设置

第一步，设置随机跳转效果（见图 3-137）。选择"背景"层的第 80 帧，插入关键帧，在舞台外设置"跳转到帧并播放"行为，"触发条件"为出现。将"帧号"设置为 81;86;91;96;101;106;111;116（帧号之间用分号隔开，请注意，应使用英文输入，输入分号）。

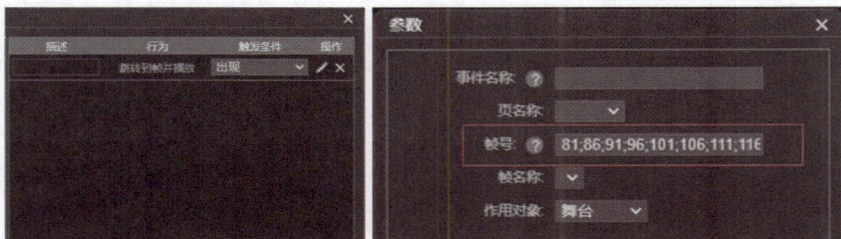

图 3-137　随机跳转效果设置

第二步，设置再次"盲盒"点单的效果。在"常德结果"图层上方新建 1 个图层，选择第 85 帧，插入关键帧。在舞台外设置出现即暂停的行为。制作"再来一次"按钮，并添加"跳转到帧并播放"行为，"触发条件"为点击，设置跳转的帧号为 1。这里只需 1 帧，将多余的帧（第 86 ~ 120 帧）全部删除。

第三步，完成所有结果动画暂停行为和再来一次行为设置（见图 3-138）。为了便于操作，可在各结果图层上方新建图层，并在第 90、95、100、105、110、115 和 120 帧插入关键帧。复制在第 85 帧设置好行为的 2 个元素，在以上的关键帧中分别使用"Ctrl+Shift+V"键，同位置粘贴元素和行为，并删除多余的帧。

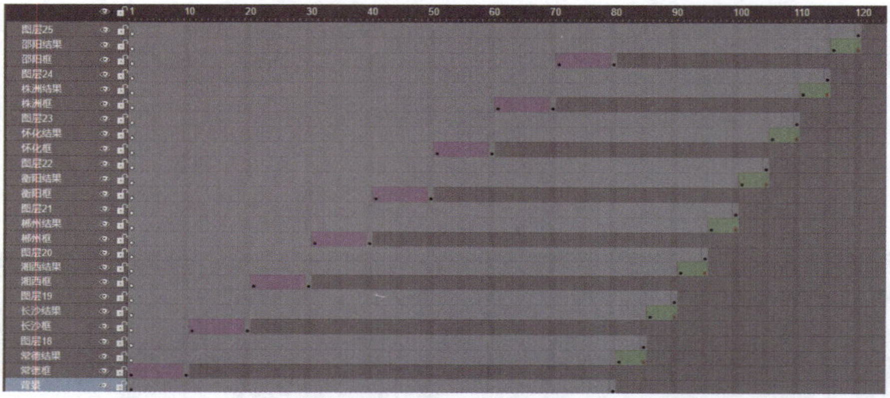

图 3-138　所有结果动画暂停行为和再来一次行为设置

※ 实战技巧：随机跳转有 2 种方式，即随机跳转到帧和随机跳转到页。设置随机跳转到帧时，添加跳转到帧并播放或跳转到帧并暂停行为，将帧号设置为需跳转的多个帧号，各帧号之间用分号隔开。设置随机跳转到页时，添加跳转到页行为，将页号设置为需跳转的多个页面，各页面之间用分号隔开。请注意，应使用英文输入法输入分号。

4. 技术小结

实战解析四"盲盒"点单交互效果设置如表 3-15 所示。

表 3-15　实战解析四"盲盒"点单交互效果设置

对象	行为	触发条件	参数设置	效果
"背景"层 第80帧	跳转到帧并播放	出现	帧号：81;86;91;96;101;106;111;116	随机跳转到第81、86、91、96、101、106、111、116帧并播放动画
各结果动画 最后1帧	暂停	出现	无	播放动画后暂停
"再来一次"按钮	跳转到帧并播放	点击	帧号：1	重新开始"盲盒"点单

【实战解析五：设置先抢红包后买单交互效果】

用户可在指定时间内多次抢红包，并获取对应的红包金额。支付金额根据产品原价和红包金额而定。

知识点

属性关联、公式取值。

✅ 效果描述

1. 红包抖动出现在舞台上的任意位置。用户点击红包，红包缩小直至消失，然后再次从舞台任意位置出现，依次循环。

2. 设置 0.5 元、1 元和 0 元 3 种红包。用户点击不同的红包，获取对应金额，直至游戏结束。

3. 获取红包金额，并计算支付金额。

4. 当继续加购产品时，计算支付金额。

✂ 效果制作

↘ 一、设置属性关联

实现效果描述 1 和 2，涉及的知识点为属性关联。

1. 页面布局

导入背景素材，完成抢红包游戏页面布局设置（见图 3-139）。

图 3-139　抢红包游戏页面布局设置

2．动画设置

第一步，设置红包的出场动画。在"元件"面板中新建元件，导入红包素材，设置颤抖预置动画。

第二步，设置红包的交互动画。在第 2 帧插入关键帧。选择第 1 帧，复制关键帧，粘贴在第 2 帧中，并删除第 2 帧的预置动画。选择第 5 帧，插入关键帧动画，并以红包的中心为基准，等比例缩小元素，直至元素消失。

第三步，设置红包在舞台上的效果。在"元件编辑"面板中新建 1 个图层，在第 1 帧绘制 1 个与红包元素等大、同位置的透明矩形，设置出现即暂停行为，并删除第 2 ～ 5 帧。返回舞台，将设置好的元件添加到绘图板并命名为"大红包"。

3．行为设置

第一步，设置点击大红包（形状大、金额小的红包）的交互效果。

首先，选择大红包元件，添加"播放元件片段"行为，"触发条件"为点击，打开"参数"面板，设置"元件实例名称"为大红包（元件实例），"起始帧号"为 2，"结束帧号"为 5。

然后，创建文本内容为 0、名为红包金额的文本。再次选择大红包元件，添加"改变元素属性"行为，"触发条件"是点击，打开"参数"面板，设置"元素名称"为红包金额，"元素属性"为文本或取值，"赋值方式"为在现有值基础上增加，"取值"为 0.5（见图 3-140）。

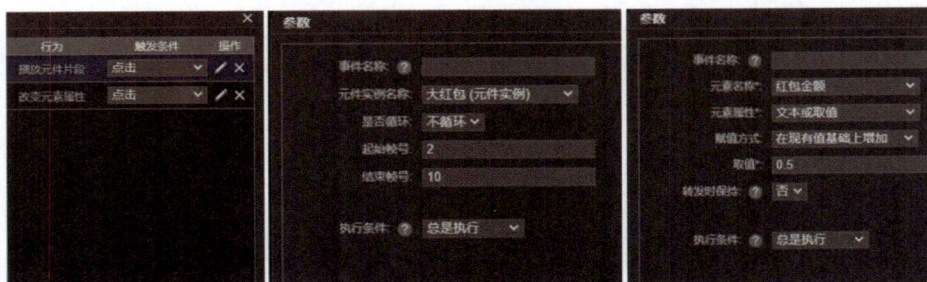

图 3-140　大红包元件添加改变元素属性行为设置

第二步，设置大红包点击消失后重复出现的效果。双击大红包元件，进入"元件编辑"面板。新建 1 个图层，在第 10 帧插入关键帧，在元件中心绘制 1 个小而透明的矩形，设置"跳转到帧并播放"行为，"触发条件"为出现，打开"参数"面板，设置帧号为 1。返回舞台，选择大红包元件，打开"编辑行为"面板，修改播放元件片段的参数，将"结束帧号"调整为 10，其他参数不变。

第三步，设置大红包随机出现的效果。

首先，在舞台外添加随机数控件，设置最小值为 0，最大值为 10，更新间隔为 0.5。

接下来，设置大红包出现的区域为红框内。设置大红包出现的区域值：最上值为 160 像素左右，最下值为 500 像素左右，最左值为 −21 像素左右，最右值为 213 像素左右（见图 3-141）。

图 3-141　大红包出现的区域设置

最后，选择大红包设置左属性关联，单击"左"属性右边的链接，打开"参数"面板，设置"关联对象"为随机数 2，"关联属性"为文本或取值，"关联方式"为自动关联。进行参数设置，当"主控量"为 0 时，"被控量"为 −21；当"主控量"为 10 时，"被控量"为 213（见图 3-142）。设置大红包上属性关联，单击大红包"上"属性右边的链接，打开"参数"面板，设置"关联对象"为随机数 2，"关联属性"为文本或取值，"关联方式"为自动关联。进行参数设置，当"主控量"为 0 时，"被控量"为 160；当"主控量"为 10 时，"被控量"为 500（见图 3-143）。

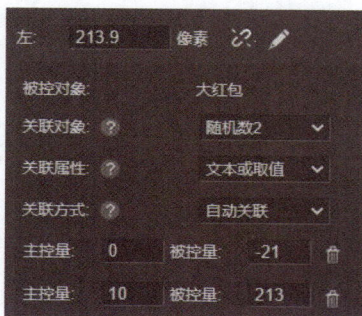

图 3-142　大红包左属性关联设置

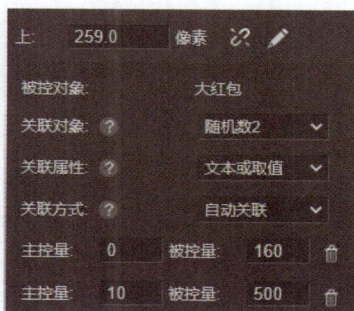

图 3-143　大红包上属性关联设置

第四步，设置游戏时间。新建定时器控件，将其放置在合适的位置，在"属性"面板中设置文字大小和颜色，设置时间长度为 15 秒。选择定时器，为其添加下一页行为，"触发条件"为定时器时间到。

第五步，完成多个红包的设置

首先是假红包（金额为 0 元）的设置，完成左属性和上属性的关联设置（见图 3-144）。在"元件"面板上，选择设置好的红包元件，添加至绘图板，命名为"假红包"。为了使画面产生视觉变化，调整假红包的大小，添加饱和度滤镜。复制设置好的大红包行为，粘贴在假红包上。修改行为参数为"播放元件片段"行为，将"元件实例名称"改为假红包，其他参数不变。删除"改变元素属性"行为。实现点击假红包，红包金额文本不计数的效果。为了实现用同 1 个随机数控制 2 个不同位置的红包的效果，需在设置假红包的左属性和上属性与随机数进行自动关联时，将参数设置得与之前的不一致。

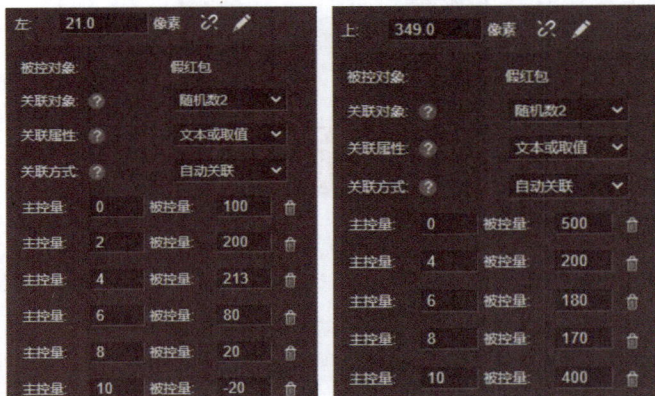

图 3-144　假红包左属性和上属性关联设置

接下来是小红包（形状小、金额大的红包）的设置，设置方法与之前的一致。在修改行为参数时，打开"播放元件片段"行为，将"元件实例名称"改为小红包。打开"改变元素属性"行为，将"赋值方式"调整为在现有值基础上增加，将"取值"设置为 1，其他参数不变。并再次将小红包的左属性、上属性、透明度与随机数文本进行关联，参数与之前设置得不一致即可。预览效果，效果实现。

※ 实战技巧：为了实现元素位置的随机性，分别用元素的左属性和上属性与随机数文本取值关联。本实战解析是用 1 个随机数控制多个属性，设置的关联数值仅供参考。可以尝试设置其他关联数值，也可以用多个随机数控制多个属性。

4. 技术小结

实战解析五先抢红包后买单交互效果（属性关联）设置如表 3-16 所示。

表 3-16　实战解析五先抢红包后买单交互效果（属性关联）设置

对象	行为	触发条件	参数设置	效果
元件动画 第1帧透明矩形	暂停	出现	无	元件为静止状态
元件动画 第3帧透明矩形	跳转到帧 并播放	出现	帧号：1	元件返回初始状态
红包元件	播放元件 片段	点击	起始帧号：2 结束帧号：10	点击红包播放 红包消失动画
	改变元素 属性	点击	红包金额文本或取值在现 有值基础上增加	增加红包金额

二、设置公式取值

实现效果描述 3 和 4，涉及的知识点为公式取值。

1. 页面布局

新建 1 页，命名为"抢红包结果页"，并做好页面布局（见图 3-145）。

2. 行为设置

第一步，获取红包金额设置。选择红框内取值为 0 的 2 个文本，分别进行文本内容的关联，设置"关联对象"为红包金额，"关联属性"为文本或取值，"关联方式"为公式关联（见图 3-146）。

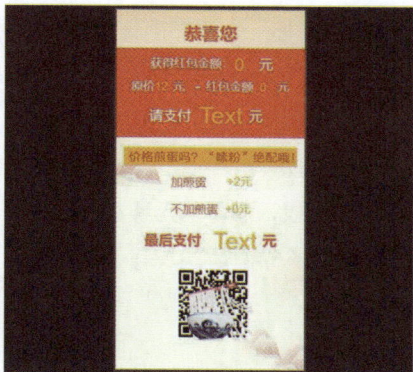

图 3-145　抢红包结果页布局设置　　　图 3-146　文本内容关联设置

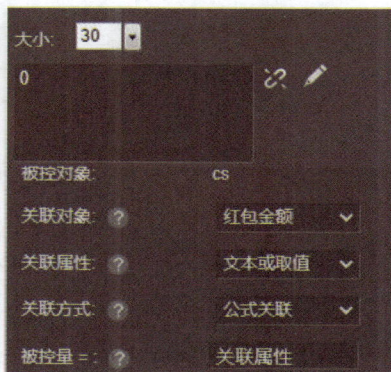

第二步，获取支付金额设置（见图 3-147）。选择红框内文本取值为"Text"的文本，将其命名为"支付金额"，并添加"改变元素属性"行为，"触发条件"为出现。打开"参数"面板，设置"元素名称"为支付金额，"元素属性"为文本或取值，"赋值方式"为用设置的值替换现有值，"取值"为 12-{{ 红包金额 .text}}。输入标点符号时，应使用英文输入法。

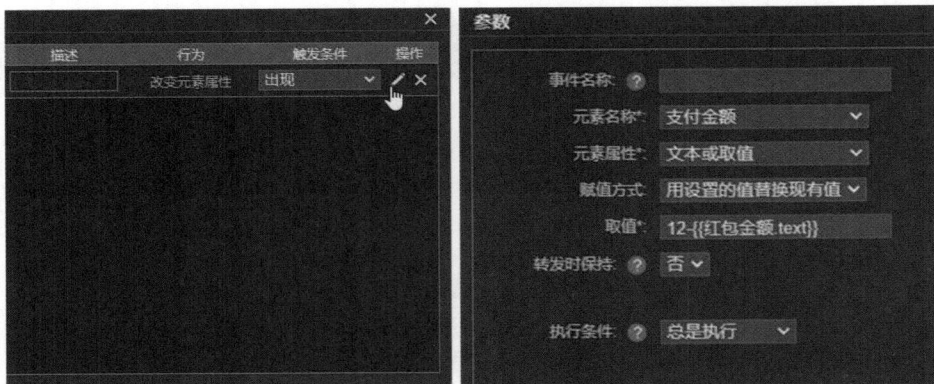

图 3-147　获取支付金额设置

第三步，设置是否加煎蛋的视觉交互效果。

首先，选择"+2元"文本，命名为"加煎蛋钱"，并将"透明度"设置为 0；选择"+0元"文本，命名为"不加煎蛋钱"，并将"透明度"设置为 0。

接下来，选择"加煎蛋"文本，添加"改变元素属性"行为，"触发条件"为点击。打开"参数"面板，设置"元素名称"为加煎蛋钱，"元素属性"为透明度，"赋值方式"为用设置的值替换现有值，"取值"为 100。再次添加"改变元素属性"行为，设置"元素名称"为不加煎蛋钱，"取值"为 0，其他参数不变。

最后，复制设置好的加煎蛋文本行为，粘贴在不加煎蛋文本上。修改行为参数，设置"元素名称"为加煎蛋钱，"透明度"为 0，"元素名称"为不加煎蛋钱，"透明度"为100，其他参数不变。

第四步，获取是否加煎蛋的金额设置。

首先，添加 1 个文本，命名为"是否加煎蛋"。选择"加煎蛋"文本，添加"改变元素属性"行为，"触发条件"为点击。打开"参数"面板，设置"元素名称"为是否加煎蛋，"元素属性"为文本或取值，"赋值方式"为用设置的值替换现有值，"取值"为 2。选择"不加煎蛋"文本，添加"改变元素属性"行为。打开"参数"面板，参数设置与之前一致，只将"取值"设置调整为 0。

接下来，设置获取是否加煎蛋金额。选择最后一行的"Text"文本，命名为"最后支付金额"。选择"加煎蛋"和"不加煎蛋"文本分别再次添加"改变元素属性"行为，"触发条件"为点击。打开"参数"面板，设置"元素名称"为最后支付金额，"元素属性"为文本或取值，"赋值方式"为用设置的值替换现有值，"取值"为 12-{{ 红包金额 .text}}+{{ 是否加煎蛋 .text}}（见图 3-148）。输入标点符号时，应使用英文输入法。

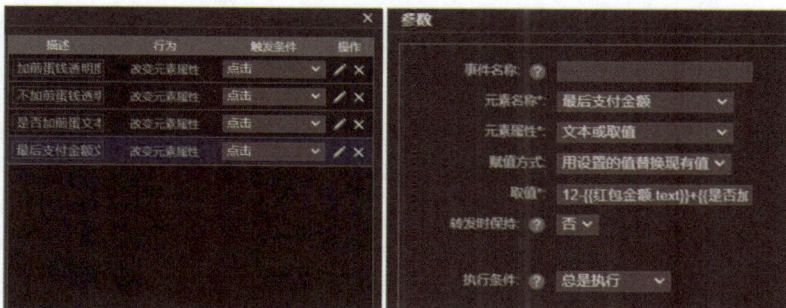

图3-148　获取是否加煎蛋金额设置

※ 实战技巧：在设置改变元素属性行为参数时，取值可以是元素变量。获取元素变量取值公式为 {{ 元素名称 . 元素属性 }}。本案例中的元素变量属性是文本取值。除此之外，元素变量属性也可以是元素上坐标、左坐标、透明度等。

※ 工匠精神：在设置取值时，一丝不苟的态度至关重要。无论是符号、英文字符，还是中英文状态，每一个细节都必须精确无误。因为哪怕是一个小小的错误，都可能导致整个效果无法正确呈现。

3. 技术小结

实战解析五先抢红包后买单交互效果（公式取值）设置如表3-17所示。

表3-17　实战解析五先抢红包后买单交互效果（公式取值）设置

对象	行为	触发条件	参数设置	效果
Text文本	改变元素属性	出现	取值：12-{{红包金额.text}}	获取支付金额
加煎蛋文本	改变元素属性	点击	+2元文本 透明度：100	显示+2元文本
	改变元素属性	点击	+0元文本 透明度：0	隐藏+0元文本
	改变元素属性	点击	是否加煎蛋文本 取值：2	获取是否加煎蛋的金额
不加煎蛋文本	改变元素属性	点击	+2元文本 透明度：0	隐藏+2元文本
	改变元素属性	点击	+0元文本 透明度：100	显示+0元文本
	改变元素属性	点击	是否加煎蛋文本 取值：0	获取是否加煎蛋的金额
加煎蛋文本、不加煎蛋文本	改变元素属性	点击	最后支付金额文本 取值：12-{{红包金额.text}}+ {{是否加煎蛋.text}}	获取最后支付金额

【实战解析六：设置寻找密钥交互效果】

拖动放大镜，找到 3 把密钥后，跳转到下一页。

知识点

拖动遮罩层元素、设置逻辑表达式。

☑ 效果描述

1. 拖动放大镜寻找密钥，放大镜显示密钥时，获取密钥。
2. 获取 3 把密钥时，跳转到下一页。

✖ 效果制作

1. 页面布局

第一步，实现遮罩效果。新建 1 页，在"背景"图层、"密钥"图层和"放大镜遮罩"图层分别导入素材，设置放大镜元素的"宽"和"高"为 200.0 像素，选择"放大镜遮罩"图层，将其转换为遮罩图层，页面布局完成（见图 3-149）。

图 3-149　页面布局设置

第二步，实现拖动遮罩效果。在图层最上方新建 1 个图层，导入素材放大镜，并将该图层命名为"放大镜拖动"。设置其大小和位置与遮罩层元素一致。选择"放大镜遮罩"图层中的元素，设置"左"属性和"上"属性关联，"关联对象"为放大镜拖动，"关联属性"分别为左和上，"关联方式"为公式关联（见图 3-150）。选择最上层的放大镜拖动元素，在"属性"面板中设置"拖动"为自由拖动。

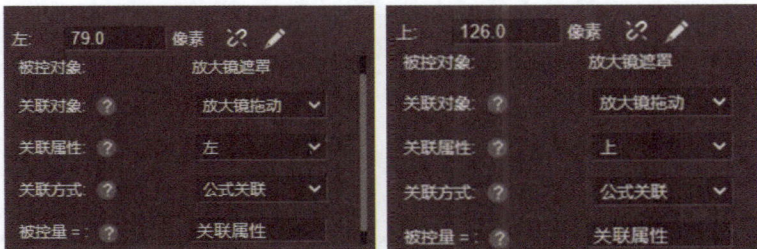

图 3-150　放大镜遮罩属性关联设置

图 3-151 所示为本实战解析的放大镜遮罩元素和放大镜拖动元素。观察分析两者的区别，思考其原因。

放大镜遮罩元素　　　放大镜拖动元素

图 3-151　放大镜遮罩元素和放大镜拖动元素示图

※ 实战技巧：使用遮罩效果时，遮罩图层无法自由拖动。可将需要拖动的遮罩图层元素与其他普通图层元素进行关联。

2. 行为设置

第一步，设置密钥 1 的交互区域。

首先，新建 3 个内容为 0 的文本，分别命名为"密钥 1""密钥 2""密钥 3"。观察第 1 个密钥的交互区域。上坐标最大值为 30，最小值为 -11；左坐标最大值为 73，最小值为 6（见图 3-152）。

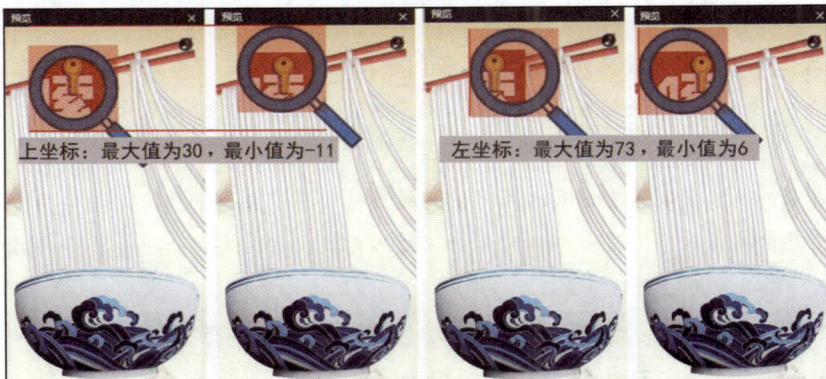

图 3-152　第 1 个密钥的交互区域设置

接下来，选择放大镜拖动元素，添加"改变元素属性"行为，"触发条件"为手指抬起。打开"参数"面板，设置"元素名称"为密钥1，"元素属性"为文本或取值，"赋值方式"为用设置的值替换现有值，"取值"为1，"执行条件"为逻辑表达式，{{放大镜拖动.left}}>6&&{{放大镜拖动.left}}<73&&{{放大镜拖动.top}}>-11&&{{放大镜拖动.top}}<30（见图3-153）。

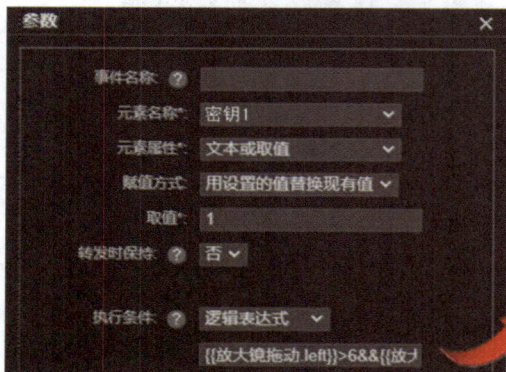

图3-153　第1个密钥交互区域设置

第二步，设置其他2个密钥的交互区域。观察第2个密钥的交互区域设置为：上坐标最大值为241，最小值为198；左坐标最大值为160，最小值为93。第3个密钥的交互区域设置为：上坐标最大值为374，最小值为316；左坐标最大值为88，最小值为41。选择放大镜拖动元素，复制设置好的行为，并粘贴在放大镜拖动元素上。修改其参数，将"元素名称"改为密钥2，逻辑表达式改为{{放大镜拖动.left}}>93&&{{放大镜拖动.left}}<160&&{{放大镜拖动.top}}>198&&{{放大镜拖动.top}}<241。在放大镜拖动元素上再次粘贴行为，将"元素名称"改为密钥3，逻辑表达式改为{{放大镜拖动.left}}>41&&{{放大镜拖动.left}}<88&&{{放大镜拖动.top}}>316&&{{放大镜拖动.top}}<374。

※实战技巧：在设置交互区域时，需先确定上坐标和左坐标的范围，设置公式为{{元素名称.left}}>左坐标最小值&&{{元素名称.left}}<左坐标最大值&&{{元素名称.top}}>上坐标最小值&&{{元素名称.top}}<上坐标最大值。

※工匠精神：在设置逻辑表达式时，一丝不苟的态度至关重要。无论是符号、英文字符，还是中英文状态，每一个细节都必须精确无误。因为哪怕是一个小小的错误，都可能导致整个效果无法正确呈现。

第三步，设置拖动放大镜到3个指定区域后，跳转到下一页。

首先，新建1个内容为0的文本，命名为"密钥总数"。

　　接下来，完成密钥 1 行为设置。选择密钥 1，添加"改变元素属性"行为，"触发条件"为属性改变。打开"参数"面板，"元素名称"为密钥总数，"元素属性"为文本或取值，"赋值方式"为在现有值基础上增加，"取值"为 1，"执行条件"为检查元素状态，逻辑条件为密钥 1 的文本或取值等于 1（见图 3-154）。

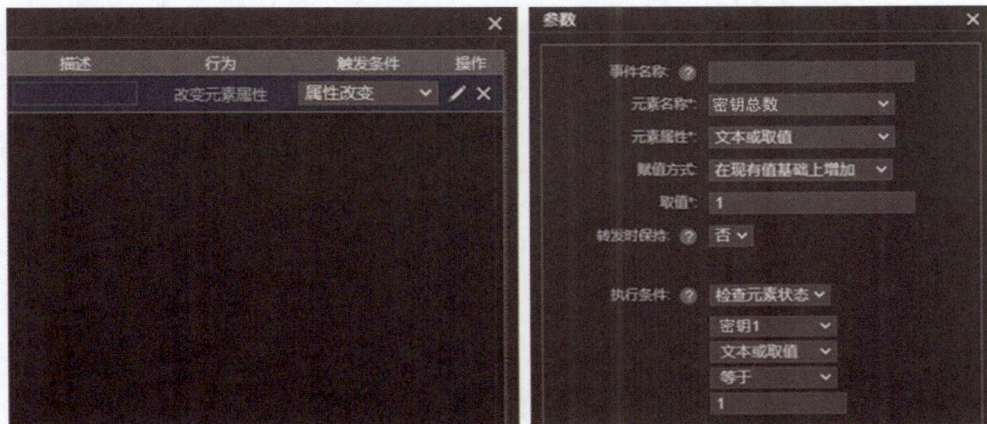

图 3-154　密钥 1 行为设置

　　然后，选择密钥 1 文本，复制设置好的行为，分别粘贴在密钥 2 和密钥 3 文本中，修改其参数，将"逻辑条件"分别改为密钥 2 的文本或取值等于 1、密钥 3 的文本或取值等于 1。

　　最后，完成密钥总数行为的设置（见图 3-155）。选择密钥总数文本，添加"下一页"行为，"触发条件"为属性改变，设置"执行条件"为检查元素状态，逻辑条件为密钥总数的文本或取值等于 3。预览效果，效果实现。将此页放置在作品的第一页。

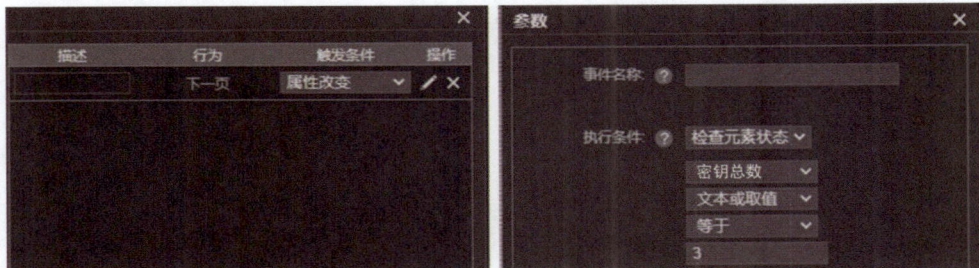

图 3-155　密钥总数行为的设置

3. 技术小结

实战解析六寻找密钥交互效果设置如表 3-18 所示。

表 3-18　实战解析六寻找密钥交互效果设置

对象	行为	触发条件	参数设置	效果
放大镜拖动元素	改变元素属性	手指抬起	密钥1取值为1，执行条件：逻辑表达式，{{放大镜拖动.left}}>6&&{{放大镜拖动.left}}<73&&{{放大镜拖动.top}}>−11&&{{放大镜拖动.top}}<30	设置密钥1的交互区域
	改变元素属性	手指抬起	密钥2取值为1，执行条件：逻辑表达式，{{放大镜拖动.left}}>93&&{{放大镜拖动.left}}<160&&{{放大镜拖动.top}}>198&&{{放大镜拖动.top}}<241	设置密钥2的交互区域
	改变元素属性	手指抬起	密钥3取值为1，执行条件：逻辑表达式，{{放大镜拖动.left}}>41&&{{放大镜拖动.left}}<88&&{{放大镜拖动.top}}>316&&{{放大镜拖动.top}}<374	设置密钥3的交互区域
密钥1文本	改变元素属性	属性改变	密钥总数的文本或取值，在现有值基础上增加1，执行条件：检查密钥1的文本或取值等于1	确认是否获取密钥1
密钥2文本	改变元素属性	属性改变	密钥总数的文本或取值，在现有值基础上增加1，执行条件：检查密钥2的文本或取值等于1	确认是否获取密钥2
密钥3文本	改变元素属性	属性改变	密钥总数的文本或取值，在现有值基础上增加1，执行条件：检查密钥3的文本或取值等于1	确认是否获取密钥3
密钥总数文本	下一页	属性改变	执行条件：密钥总数的文本或取值等于3	获取3把密钥跳转到下一页

【实战解析七：作品整理与发布】

为了提升用户体验，设置加载页和分享发布参数，完善页面的相互跳转。

知识点

修改页面顺序、调用模板、作品分享、禁止翻页行为等。

✓ 效果描述

1. 设置与作品风格相符的加载页。

2. 修改并完善作品页面的相互跳转。

3. 作品分享发布设置。

✗ 效果制作

1. 页面布局与动画

第一步，整体布局与动画设置。选择第 1 页，在左上方单击"+"号，插入新页面。导入素材，完成页面布局。分别为碗添加浮入预置动画（时长为 1.5 秒）、米粉添加浮入预置动画（时长为 1.5 秒）、祥云添加翻转进入预置动画（时长为 1.5 秒，延迟为 1 秒）（见图 3-156）。

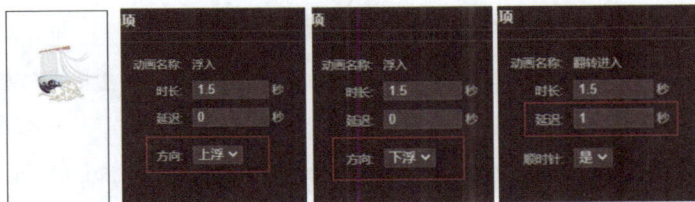

图 3-156　页面布局和预置动画设置

第二步，设置加载效果。打开"公有模板"，找到合适的加载效果，调用模板（见图 3-157），插入页面，并设置首页为加载页。

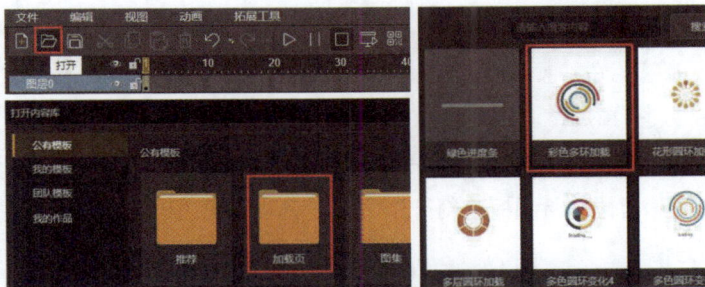

图 3-157　调用模板设置

※ 实战技巧：许多公有模板可以直接调用，也可以修改其效果再使用。不仅如此，还可以将自己的作品转换为模板。在"我的作品"中单击打开需要使用模板的作品，找到"我的模板"，即可直接调用（见图3-158）。

图3-158　转换模板设置

2. 行为设置

第一步，设置页面的相互跳转。为了提升用户体验，调整页面的先后顺序，完善页面的相互跳转。

第二步，设置禁止翻页行为。为了更好地展示作品，可在每个页面设置禁止翻页行为。

第三步，设置作品的分享发布。选择舞台，在"属性"面板中设置分享信息和内容标题，并设置自适应为高度适配，水平居中。

※ 敬业精神：我们在做事之前，要深思熟虑，计划周详。这包括对任务的目的、方法、可能遇到的问题和解决方案进行全面的思考。在做任何事之前，首先要修炼自己的品德和态度。自我提升和修炼可使我们具备更好的素质和能力去执行任务。这不仅包括专业知识和技能的提升，也包括道德品质和心理素质的培养。

实战项目三　交互宣传片制作

【学习目标】

1. 掌握计数器控件、擦玻璃控件、绘画板控件、拖动容器控件、连线控件、定时器控件、点赞控件、投票控件、抽奖控件的设置方法。

2. 掌握与控件搭配使用的各种行为的设置方法，包括改变图片行为、投票行为、抽奖行为、提交表单行为、绘画板控制行为、恢复擦玻璃初始状态行为、恢复连线初始状态行为的设置方法。

3．掌握属性关联、舞台关联、当前时间、加载进度百分数、PS 制作 H5 元素、作品发布设置的方法。

4．掌握 H5 交互宣传片制作的流程和方法。

【实战效果】

通过融媒体可视化交互平台制作并发布一部交互宣传片。以有趣的交互形式带领用户了解湖湘米粉文化，开启一场集视觉、听觉和互动于一体的全方位探索之旅。扫描二维码可观看模块三实战项目三的效果。需注意，文中出现的地名与地图效果均为交互宣传片制作使用，并不完全与真实地图对应。

扫一扫
最终效果

※ 文化自信：在全球化日益加剧的今天，文化自信成了一个国家、一个地区不可或缺的精神支柱。湖湘文化作为中华文化的重要组成部分，具有深厚的历史底蕴和独特的地域特色。为了更好地宣传和推广湖湘文化，我们试图打造交互式的宣传体验，让传统文化在新时代焕发出新的生机与活力。

【实战要求】

1．通过有趣的交互形式介绍湖湘米粉的历史、特色、制作步骤等。

2．显示作品的浏览次数，体现作品的受欢迎程度。

3．在作品上显示当前日期，体现作品的时效性。

4．设置动画的快进与快退，提升用户体验。

5．设置米粉投票环节，了解用户的口味。

6．设计抽奖送礼环节，提高用户参与度。

【实战准备】

1．申请 H5 平台账号。

2．调研湖湘米粉文化。

3．收集整理素材。

4．根据需求使用 PS 处理图片素材。

【实战解析一：显示浏览次数】

在页面中显示浏览次数、当前日期和加载进度。

知识点

计数器控件的设置、当前时间和加载进度百分数设置。

☑ 效果描述

1. 每浏览作品 1 次，浏览次数增加 1。
2. 显示当前时间。
3. 首页作为加载页显示当下加载进度。

✂ 效果制作

1. 页面布局

新建 H5 作品，设置为横屏。导入素材，创建文本，调整各元素的位置（见图 3-159）。

图 3-159　页面布局设置

2. 动画设置

为左侧祥云元素添加弹出预置动画，方向为向左。为右侧祥云元素添加弹出预置动画，方向为向右。为碗元素添加浮入预置动画，延迟为 0.5 秒。为米粉元素添加蹦入预置动画，延迟为 1 秒。

3. 控件与行为的设置

第一步，实现浏览作品计数的效果。在工具栏中选择计数器控件并添加至舞台。选择 0 文本，将其命名为"计数文本"。为其添加"数据服务"中的"增加计数"行为，"触发条件"为出现，"计数器名称"为计数器 1，"显示计数元素"为计数文本（见图 3-160）。

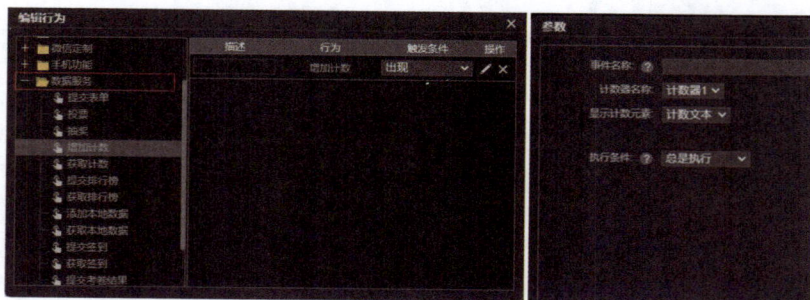

图 3-160　计数器控件设置

※ 实战技巧：在设置计数器控件时，需搭配行为设置。

第二步，设置当前时间。新建文本，调整其颜色、大小和位置。在"属性"面板上的"专有属性"中，将"预置文本"设置为当前时间/日期（见图3-161）。

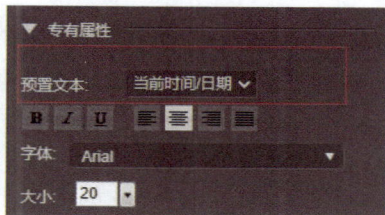

图3-161　当前时间设置

第三步，实现加载效果。再次新建文本，调整其颜色、大小和位置。在"属性"面板上的"专有属性"中，将"预置文本"设置为当前加载进度百分数。设置首页作为加载页。最后完成加载页面的动画效果。打开"元件"面板，新建元件，绘制3个橙色方块。全选3个橙色方块，单击鼠标右键，选择"上对齐和均分宽度"命令。选择第15帧，插入关键帧；在第11帧、第6帧分别插入关键帧。选择第1帧，删除第2、3个方块，选择第6帧，删除第3个方块，使第11～15帧为3个方块，第6～10帧为2个方块，第1～5帧为1个方块（见图3-162）。进入"舞台编辑"面板，将设置好的元件添加到绘画板，调整其位置和大小。预览效果，效果实现。

第11～15帧　　　　第6～10帧　　　　第1～5帧

图3-162　小方点元件动画设置

※ 实战技巧：预置文本可实现显示当前时间/日期、当前加载进度百分数、当前舞台/元件帧数3种效果。

4. 技术小结

实战解析一显示浏览次数设置如表3-19所示。

表3-19　实战解析一显示浏览次数设置

对象	行为	触发条件	参数	效果
计数文本	增加计数	出现	计数器名称：计数器1 显示计数元素：计数文本	显示浏览作品次数

【实战解析二：擦除障碍物】

擦除云雾，找到小兽人。

知识点

擦玻璃控件的设置、PS制作H5元素。

☑ 效果描述

1. 初始舞台为云雾缭绕的效果。
2. 用手指擦除云雾，露出小兽人，并跳转到下一页。

✖ 效果制作

1. 页面布局

在 PS 中制作好擦玻璃前和擦玻璃后的页面效果，即前景图片和背景图片页面布局效果（见图 3-163）。在 PS 中设置的文件尺寸为 1252 像素 ×640 像素，分辨率为 72 像素 / 英寸，即 H5 平台舞台尺寸的 2 倍。擦玻璃前的页面为前景图片，是由多图层组合而成的 JPEG 文件。擦玻璃后的页面为背景图片，是 Gif 动图。

扫一扫

微课做中学

图 3-163　前景图片和背景图片页面布局设置

2. 控件与行为设置

第一步，设置擦玻璃控件。新建一页，创建一个擦玻璃控件，设置其与舞台同位置、同大小。选择擦玻璃控件，在"属性"面板中导入背景图片和前景图片，设置"橡皮擦大小"为 64，并添加下一页行为，"触发条件"为擦玻璃完成，再添加一个出现则禁止翻页行为（见图 3-164）。

图 3-164　擦玻璃控件设置

※ 实战技巧：只有为擦玻璃控件添加行为时，触发条件才能设置为擦玻璃完成。

第二步，完善作品。新建 1 个图层，创建解说词文本，为其添加蹦入预置动画。添加解说词音效，并设置自动播放。添加背景音乐，设置解说词音效出现时背景音乐的音量为 15。预览效果，效果实现。

3. 技术小结

实战解析二擦除障碍物设置如表 3-20 所示。

表 3-20　实战解析二擦除障碍物设置

对象	行为	触发条件	效果
擦玻璃控件	下一页	擦玻璃完成	擦玻璃完成后跳转下一页
	禁止翻页	出现	不能翻页

【实战解析三：绘制并获取道具】

小兽人戴上用户绘制的帽子探索旅行。

知识点

绘画板控件的设置、改变图片行为。

☑ 效果描述

1. 可使用红色粗线画笔、橙色中线画笔和蓝绿色细线画笔绘制任意图形。
2. 可清空绘画板，重新绘制图形，也可保存图形。
3. 小兽人戴上绘制好的帽子作为项目主角出现在各个页面中。

⚒ 效果制作

1. 页面布局

新建 1 个图层，将图层命名为"背景"，导入素材，创建文本，调整其位置、大小和颜色（见图 3-165）。

扫一扫

微课做中学

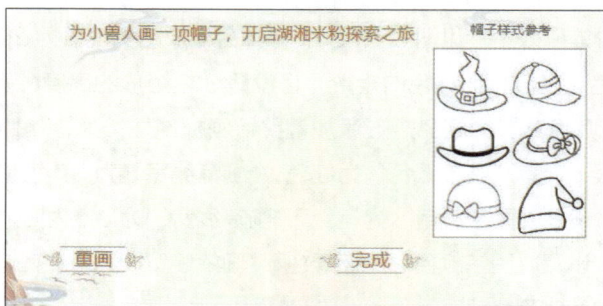

图 3-165　"背景"层页面布局设置

2. 控件与行为设置

第一步，设置绘画板控件的视觉效果。新建"绘画板"图层，设置一个"宽"为390.0 像素，"高"为 200.0 像素，"左"为 40.0 像素，"上"为 42.0 像素的绘画板控件（见图 3-166）。并设置绘画板的填充色为白色，边框色为灰色，且不显示编辑器。导入小兽人素材，单击鼠标右键并选择"左右翻转（变形）"命令。

图 3-166　绘画板控件视觉效果设置

第二步，设置清空和保存绘画板效果（见图 3-167）。将绘画板控件命名为"绘画板帽子"。为"重画"按钮添加绘画板控制行为，"触发条件"为点击。打开"参数"面板，设置"绘画板名称"为绘画板帽子，"控制行为"为清空绘画板。为"完成"按钮添加绘画板控制行为，设置"控制行为"为保存绘画板，其他参数不变。

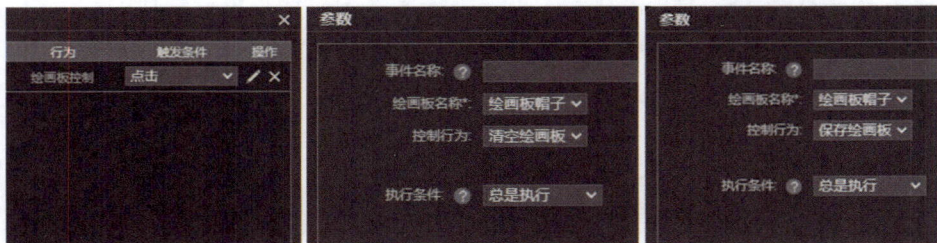

图 3-167　清空和保存绘画板效果设置

第三步，设置笔刷效果（见图 3-168）。将舞台缩放比例设置为 200。在"绘画板"图层分别绘制红色、橙色和蓝绿色的矩形，且设置 3 个矩形的高度分别为 18、12 和 6 像素，宽度都为 60 像素。为红色矩形添加调整绘画板属性行为，"触发条件"为点击，打开"参数"面板，设置"画笔颜色"为红色，"画笔线宽"为 5；为橙色矩形添加调整绘画板属性行为，设置"画笔颜色"为橙色，"画笔线宽"为 3；为蓝绿色矩形添加调整绘画板属性行为，设置"画笔颜色"为蓝绿色，"画笔线宽"为 1；其他参数不变。最后为 3 个矩形都添加倾斜预置动画。

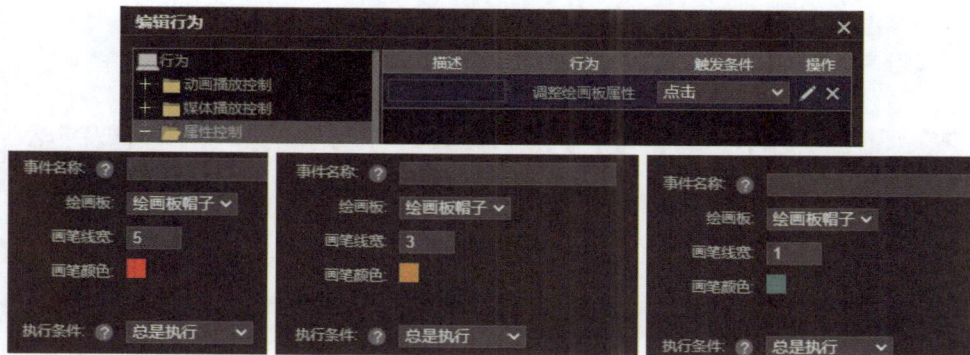

图 3-168 笔刷效果设置

第四步，获取绘制形象。

首先，完成戴帽子小兽人的元件布局。新建 1 个图层，打开"元件"面板，新建元件。依次选择 8 张小兽人素材以序列帧形式添加在"动画"面板中。依次选择 8 帧小兽人素材，单击鼠标右键，设置其左右翻转，并将此层命名为"小兽人"。在"小兽人"图层下方新建"帽子"图层，并绘制一个与绘画板等大的矩形，即宽为 390 像素，高为 200 像素，并设置矩形和小兽人左右居中。

接下来，完成元件动画的设置。选择"帽子"图层的第 8 帧，插入关键帧动画。然后分别在第 2 帧至第 7 帧之间的每一帧都插入 1 个关键帧，并根据小兽人的运动轨迹调整矩形的上坐标。

最后，完成获取绘制效果的行为设置。选择矩形并双击，进入组的"编辑"面板，将矩形命名为"画好的帽子"。将设置好的元件添加至舞台。返回绘画板页面，为"完成"按钮添加下一页行为，"触发条件"为"点击"。再次选择"完成"按钮，添加改变图片行为（见图 3-169），"触发条件"为点击。打开"参数"面板，设置"目标元素"为元件实例/画好的帽子，"源元素"为绘画板帽子。预览效果，效果实现。

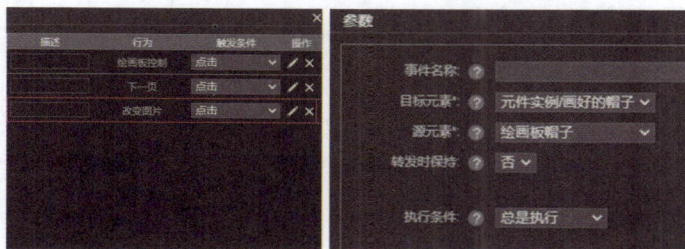

图 3-169 改变图片行为设置

※ 实战技巧：在设置改变图片行为时，目标元素可以是任意色块或图片，但需考虑其长宽比与源元素一致，否则获取绘制图形时图形可能会变形。

3. 技术小结

实战解析三绘制并获取道具设置如表 3-21 所示。

表 3-21　实战解析三绘制并获取道具设置

对象	行为	触发条件	参数	效果
"重画"按钮	绘画板控制	点击	绘画板名称：绘画板帽子 控制行为：清空绘画板	重画
"完成"按钮	绘画板控制	点击	绘画板名称：绘画板帽子 控制行为：保存绘画板	保存绘画效果
红色矩形	调整绘画板属性	点击	画笔颜色：红色 画笔线宽：5	红色粗线画笔
橙色矩形	调整绘画板属性	点击	画笔颜色：橙色 画笔线宽：3	橙色中线画笔
蓝绿色矩形	调整绘画板属性	点击	画笔颜色：蓝绿色 画笔线宽：1	蓝绿色细线画笔
完成按钮	下一页	点击	无	跳转到下一页
	改变图片	点击	目标元素：元件实例/画好的帽子 源元素：绘画板帽子	获取绘制形象

【实战解析四：设置交互式行驶】

用户拖动小船，戴帽子的小兽人跟随小船游览大美河山直至湖南地界。正确回答入湘暗号，进入湖南地界。小船载着戴帽子的小兽人根据用户指示的路线行驶至长沙。

知识点

属性关联、舞台关联、拖动容器控件设置、连线控件设置。

☑ 效果描述

1. 用户左右拖动小船，戴帽子的小兽人和背景跟随小船左右移动。

2. 用户向右拖动小船至舞台中间，出现湖南地图；再往右拖动小船，出现入湘对暗号页面；向左拖动小船则这些页面依次消失。

3. 用户将正确答案拖动到答题处时，将进入下一页，如答案错误，则需重新开始。

4. 用户指示小船行驶路线，小船则载着戴帽子的小兽人根据路线行驶。

🛠 效果制作

↘ 一、设置关联与拖动容器控件

实现效果描述 1、2 和 3，涉及的知识点为属性关联、舞台关联、拖动容器控件设置。

1. 页面布局

新建"背景"图层，导入长图，将长图的"高"设置为 320 像素。新建"地图"和"小船"图层，导入相关素材，调整其位置、大小和方向。新建"对暗号"图层，将此图层所有的元素成组放置在舞台外（见图 3–170）。

图 3–170　页面布局设置

2. 动画、行为与控件的设置

第一步，实现拖动小船、小兽人跟随的效果。将小船元素命名为"小船"。设置小兽人元件的左坐标与小船左坐标属性关联，"关联方式"为公式关联（见图 3–171）。

第二步，实现拖动小船后随即拖动长图的效果。选择"背景"图层，在第 10 帧插入关键帧动画。选择第 10 帧，设置长图向左平移的动画效果，设置其左坐标为 –1347 像素，并为其他图层插入帧，延长显示效果至第 10 帧。在舞台"属性"面板中设置动画关联，设置"关联对象"为小船，"关联属性"为左，"开始值"为 –56，"结束值"为 435，"播放模式"为同步（见图 3–172）。最后为小船设置水平拖动效果。在舞台上设置出现即暂停的行为。预览效果，拖动小船，戴帽子的小兽人和背景都跟随移动，效果实现。

图 3–171　属性关联设置

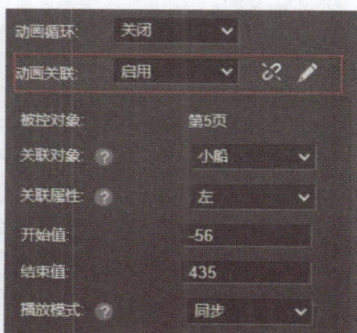

图 3–172　舞台关联设置

※ 实战技巧：关联包括属性关联、舞台关联和元件关联。在"属性"面板中，任何带链接的属性，都可设置属性关联。设置舞台关联则需先设置舞台动画，再在"舞台属性"面板中设置动画关联。

第三步，实现向右拖动小船至舞台中间，出现湖南地图；向左拖动小船则湖南地图消失的效果。将地图命名为"湘地图"。给小船添加改变元素属性行为，触发条件为属性改变。打开"参数"面板，将湘地图的透明度设置为 100，检查元素状态，小船的左属性大于 160；再次添加改变元素属性行为，将湘地图的透明度设置为 0，检查元素状态，小船的左属性小于等于 160（见图 3-173）。

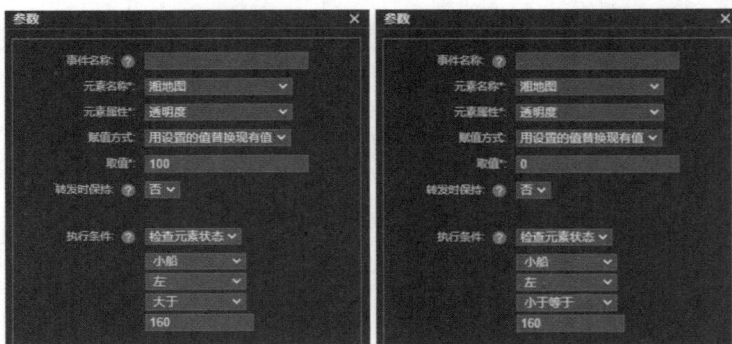

图 3-173　地图出场行为设置

第四步，完成对暗号页面的出场设置。地图出现后，继续向右拖动小船，出现对暗号页面，向左拖动小船则这些页面逐渐消失。将对暗号组命名为"湘对暗号"。复制地图出场设置中小船的行为，在暗号页面的小船中粘贴行为（插入），删除 1 个暂停行为。修改 2 个改变元素属性行为参数。将一个行为修改为湘对暗号的左属性为 54，检查元素状态，小船的左属性大于 180；另一个行为修改为湘对暗号的左属性为 -600，检查元素状态，小船的左属性小于等于 180（见图 3-174）。

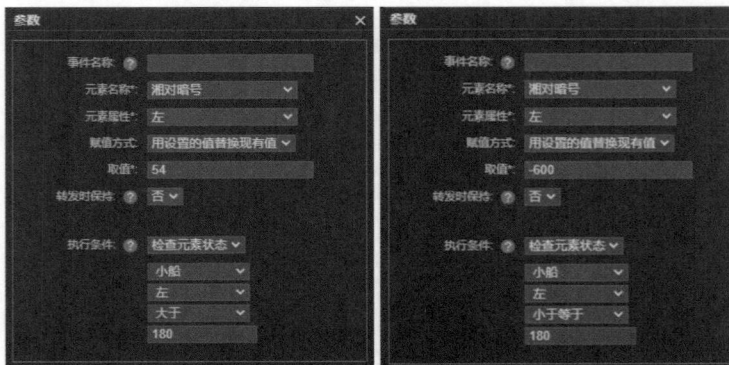

图 3-174　暗号页面出场行为设置

第五步，设置拖放容器控件。双击湘对暗号组，进入组的编辑页面，添加拖放容器控件，调整其位置、大小和参数。在"专有属性"面板中设置放置提示，自动对准。将预设答案分别命名为"金桂""芙蓉"和"银杏"。再次选择拖放容器控件，"允许物体"设置为"点赞3"，并单击右侧的"+"按钮，设置芙蓉为"期望物体"（见图3-175）。

图3-175　拖放容器控件属性设置

第六步，判断正确与错误答案。

首先是选择错误答案的动画设置。新建"动画"图层，在第30～35帧设置关键帧动画，回答错误则禁止通行等元素由小逐渐变大。

然后是选择正确答案的动画设置。在第36～40帧设置关键帧动画，回答正确则敬请通行等元素由小逐渐变大。新建"控制"图层，在第29、35、40帧设置出现即暂停的行为。延长其他图层的效果显示时间。

接下来是选择正确与错误答案的行为设置。分别选择金桂、芙蓉和银杏，添加跳转到帧并播放行为，触发条件为拖动物体放下。金桂和银杏设置跳转到第31帧，播放错误答案的动画效果，芙蓉设置跳转到第36帧，播放正确答案的动画效果，并设置好对应的拖动物体名称，为它们设置自由拖动行为。选择"再试一次"按钮，添加点击跳转到第1帧并播放行为，再添加重置所有元素所有属性行为。为"点击进入湖南地界"按钮设置点击下一页行为。预览效果，效果实现。

※ 实战技巧：本实战解析先通过属性关联控制小兽人，再通过舞台关联控制背景长图的拖动。巧妙地使用关联，可实现令人惊叹的交互效果，为用户带来更加丰富和有趣的体验。

3．技术小结

实战解析四设置交互式行驶（关联与拖动容器控件）设置如表3-22所示。

表 3-22　实战解析四设置交互式行驶（关联与拖动容器控件）设置

对象	行为	触发条件	参数	效果
小船	改变元素属性	属性改变	湘地图的透明度为100，检查元素状态，小船的左属性大于160	小船向右拖动至舞台中间，出现地图
			湘地图的透明度为0，检查元素状态，小船的左属性小于等于160	小船往回拖动，地图消失
			湘对暗号的左属性为54，检查元素状态，小船的左属性大于180	小船向右拖动，地图出现之后，显示湘对暗号页面
			湘对暗号的左属性为−600，检查元素状态，小船的左属性小于等于180	小船往回拖动，湘对暗号页面消失
金桂	跳转到帧并播放	拖动物体放下	跳转到31帧，拖动物体：金桂	拖动金桂放下，播放错误动画
芙蓉	跳转到帧并播放	拖动物体放下	跳转到36帧，拖动物体：芙蓉	拖动芙蓉放下，播放正确动画
银杏	跳转到帧并播放	拖动物体放下	跳转到31帧，拖动物体：银杏	拖动银杏放下，播放错误动画

↘ 二、设置连线控件

实现效果描述 4，涉及的知识点为连线控件设置。

1. 页面布局

在背景、地点、小兽人图层分别导入素材，绘制图形，创建文本，并调整其位置、大小和色彩（见图 3-176）。

图 3-176　连线控件页面布局设置

2. 动画设置

第一步，设置背景动画。选择"背景"图层，在第 10 帧插入关键帧动画，并设置背景图的左坐标为 −786。在第 14 帧插入帧。

第二步，设置小兽人动画。选择"小兽人"图层，在第 5 帧插入关键帧动画，设置第 5 帧的小兽人位于衡阳附近。选择第 10 帧，插入关键帧动画，设置第 10 帧为关键帧，设置小兽人位于长沙附近，并调整小兽人的行船路径。在第 14 帧插入帧。

3. 控件与行为设置

第一步，设置舞台控制行为。新建"控制"图层，在第 1、5 帧设置出现即暂停行为，在第 14 帧设置出现即下一页行为。

第二步，设置永州至衡阳的连线控件。新建"连线控件"图层，添加连线控件。在连线控件的"专有属性"中，打开"显示端点提示"，设置"提示颜色"为红色。将衡阳旁边的小圆点命名为"衡阳市"，长沙旁边的小圆点命名为"长沙市"。再次选择连线控件，停靠位置设置为"文字 11"（衡阳市），单击右侧的"+"按钮，将衡阳市设置为期望物体（见图 3-177）。

图 3-177　连线控件设置

第三步，设置衡阳至长沙的连线控件。在"连线控件"图层的第 5 帧插入关键帧，将连线控件的位置调整至图中的衡阳处。在连线控件的专有属性中，将停靠位置设置为长沙市，单击右侧的"+"按钮，将长沙市设置为期望物体，并删除衡阳市。

第四步，设置连线控件行为。在"连线控件"图层中选择第 1 帧的连线控件，添加跳转到帧并播放行为，"触发条件"为连线成功。打开"参数"面板，"帧号"为 2（见图 3-178）。选择第 5 帧的连线控件，添加跳转到帧并播放行为，"触发条件"为连线成功，设置"帧号"为 6。预览效果，连线效果没有实现，调整"连线控件"图层至最上方，再次预览，效果实现。

※ 实战技巧：为了提升用户体验，需把连线控件等需要拖动的元素放置在最上层。

第五步，设置小兽人戴上绘制的帽子的效果。选择"小兽人"图层，双击进入"组编辑"面板，将灰色色块命名为"画好的帽子 2"。选择第 3 页的"完成"按钮，添加改变图片行为（见图 3-179），"触发条件"为点击，"目标元素"为画好的帽子 2，"源元素"为绘画板帽子。预览效果，效果实现。

157

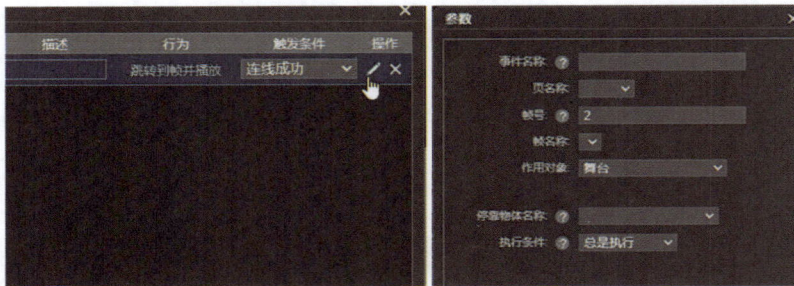

图 3-178　连线控件添加行为设置

图 3-179　"完成"按钮添加改变图片行为设置

4. 技术小结

实战解析四设置交互式行驶（连线控件）设置如表 3-23 所示。

表 3-23　实战解析四设置交互式行驶（连线控件）设置

对象	行为	触发条件	参数	效果
第1帧的连线控件	跳转到帧并播放	连线成功	帧号：2	小船从永州行驶至衡阳
第5帧的连线控件	跳转到帧并播放	连线成功	帧号：6	小船从衡阳行驶至长沙
第3页的"完成"按钮	改变图片	点击	目标元素：画好的帽子2 源元素：绘画板帽子	小兽人戴上绘制的帽子

【实战解析五：设置动画的快进与快退】

突出湖湘米粉的历史、特色、制作步骤等，并设置交互效果，使用户可快进、快退或反复观看。

知识点

舞台关联、定时器控件设置、点赞控件设置。

☑ 效果描述

1. 通过动画的形式逐步展示湖湘米粉的历史、特色、制作步骤。

2. 初始状态为自动播放。用户左右拖动屏幕，可快退、快进或反复观看。

3. 用户点赞后，跳转到下一页。

✖ 效果制作

1. 页面布局与动画制作

第一步，设置"背景"图层的布局与动画。在"背景"图层导入长图素材。设置宽为 2000 像素，高为 320 像素，左为 0 像素，上为 0 像素。在第 85 帧插入关键帧动画，并设置左为 –1374 像素。

扫一扫

微课做中学

第二步，设置"标题"图层的布局与动画。在"标题"图层导入素材，调整其位置、大小等属性，完成"标题"图层的页面布局设置（见图 3-180）。为标题文字添加飞入预置动画，时长 0.6 秒，延迟 0 秒，方向为向右。为碗元素添加蹦入预置动画，时长 1.5 秒，延迟 0 秒。为米粉元素添加移入预置动画，时长 1.5 秒，延迟 0 秒，方向为从下。设置"标题"图层的第 1～5 帧为预置动画，第 6～10 帧为整体效果的静止状态。删除第 6～85 帧，在第 6 帧插入关键帧，复制第 1 帧的关键帧并粘贴在第 6 帧上。选择第 6 帧，将所有预置动画删除，并在第 7～10 帧插入帧。

第三步，设置"历史"图层的布局与动画。在"历史"图层的第 11 帧插入关键帧，创建文本和色块，并调整其大小、位置和色彩，完成"历史"图层的页面布局设置（见图 3-181）。为所有文本和色块添加移入预置动画，时长全部为 1.5 秒，延迟从 0 秒开始，依次晚 0.5 秒，方向为从左或从右交替出现。设置"历史"图层的第 11～20 帧为预置动画，第 21～25 帧为整体效果的静止状态。

图 3-180 "标题"图层的页面布局设置

图 3-181 "历史"图层的页面布局设置

第四步，设置"特色"图层的布局与动画。在"特色"图层的第 26 帧插入关键帧，导入素材，创建文本和色块，调整其位置和大小，完成"特色"图层的页面布局设置（见图 3-182）。为 4 个素材添加翻转进入预置动画，时长皆为 1 秒，延迟从 0 秒开始，依次增加 1 秒。设置"特色"图层的第 26 ～ 40 帧为预置动画，第 41 ～ 45 帧为整体效果的静止状态。

第五步，设置"步骤"图层的布局与动画。在"步骤"图层的第 46 帧插入关键帧，导入素材，调整其位置和大小，完成"步骤"图层的页面布局设置（见图 3-183）。为所有步骤图添加浮入预置动画，时长皆为 1 秒，延迟从 0 秒开始，依次增加 1 秒。前 3 张步骤图的方向为下浮，后 3 张步骤图的方向为上浮。为所有箭头元素添加缓入预置动画，时长皆为 1 秒，延迟从 0.5 秒开始，依次增加 1 秒。设置"步骤"图层的第 46 ～ 70 帧为预置动画，第 71 ～ 75 帧为整体效果的静止状态。

图 3-182 "特色"图层的页面布局设置　　图 3-183 "步骤"图层的页面布局设置

2. 行为与控件的设置

第一步，设置左右拖动屏幕，动画快退或快进的效果。新建"拖动"图层，绘制宽为 2000 像素、高为 320 像素的矩形，设置左坐标、上坐标、透明度均为 0。将矩形命名为"拖动"，并设置水平拖动。观察拖动元素的左属性，在舞台"属性"面板中设置动画关联，关联拖动的左属性，设置"开始值"为 0，"结束值"为 -1374，"播放模式"为同步（见图 3-184）。

※ 实战技巧：在最上层设置透明的交互区域，是常用的制作技巧。

第二步，设置自动播放效果。在"定时器"图层添加定时器控件。在"属性"面板中设置"精度"为毫秒，设置循环属性（见图 3-185）。为定时器添加改变元素属性行为，触发条件为属性改变。打开"参数"面板，改变拖动的左属性，在现有值基础上增加 -0.3（见图 3-186）。

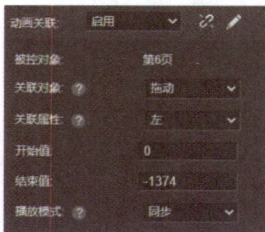

图 3-184 动画关联设置　　图 3-185 定时器属性设置　　图 3-186 定时器添加行为设置

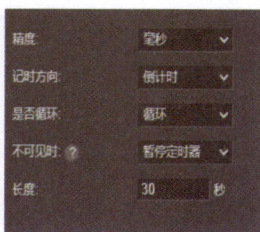

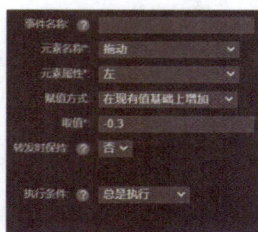

　　第三步，设置点赞效果。在"点赞"图层的第 76 帧插入素材，调整其位置和大小，完成"点赞"图层的页面布局设置（见图 3-187）。并添加点赞控件，在"属性"面板中对"文字颜色""不允许撤销""允许多次点赞"等属性进行设置（见图 3-188）。为点赞控件添加下一页行为，"触发条件"为点赞成功。

图 3-187　"点赞"图层的页面布局设置

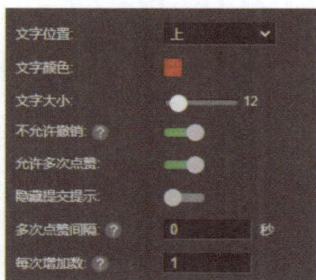

图 3-188　点赞控件属性设置

3. 技术小结

实战解析五动画的快进与快退设置如表 3-24 所示。

表 3-24　实战解析五动画的快进与快退设置

对象	行为	触发条件	参数	效果
定时器	改变元素属性	属性改变	元素名称：拖动 元素属性：左 赋值方式：在现有值基础上增加 取值：-0.3	设置自动播放效果
点赞控件	下一页	点赞成功	无	点赞后跳转到下一页

【实战解析六：设置投票功能】

对湖湘八大特色米粉投票。

知识点

投票控件设置、投票行为设置。

☑ 效果描述

1. 用户左右拖动屏幕，展示湖湘八大特色米粉。

2. 用户选择任意米粉进行投票。

3. 投票成功后显示当前获取票数。

⚒ 效果制作

1. 页面布局

第一步，新建 1 个图层，将其命名为"背景"。选择"背景"层的第 1 帧导入背景素材。创建文本，调整其大小、位置和颜色（见图 3-189）。

图 3-189　第 1 帧页面布局设置

第二步，完成第 2 帧的页面布局（见图 3-190）。在第 2 帧插入关键帧，导入素材，创建文本，调整其大小、位置和颜色。

第三步，第 3～9 帧替换图像（见图 3-191）。复制第 2 帧的关键帧，分别粘贴在第 3～9 帧上。选择第 3～9 帧的米粉图像，在"属性"面板中替换成各个城市的米粉素材图片。

图 3-190　第 2 帧页面布局设置

图 3-191　替换图像设置

2. 控件的设置

在第 1 帧添加投票控件，设置"投票对象"为常德津市牛肉粉，长沙原汤肉丝粉，郴州栖枫渡鱼粉，怀化芷江鸭肉粉，湘西酸辣粉，衡阳肉蛋粉，邵阳红汤牛肉粉，株洲醴陵炒粉，中间用逗号隔开。设置投票的"开始时间""结束时间""最大投票数"和"投票间隔"参数（见图 3-192）。使第 1 帧所有的元素成组，并设置水平拖动。

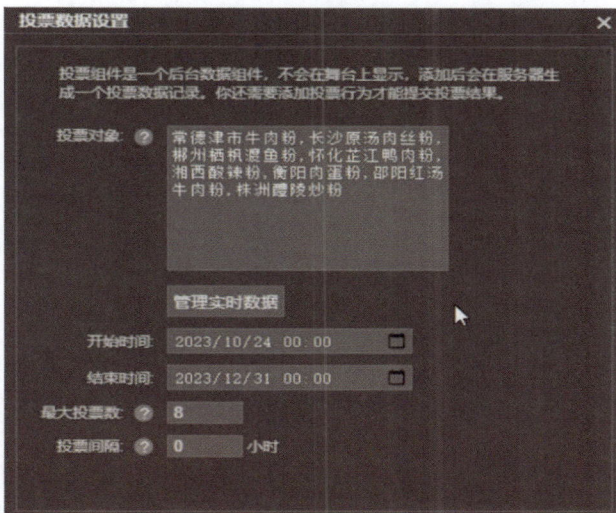

图 3-192　投票控件参数设置

3. 行为的设置

第一步，设置动画静止效果。新建 1 个图层，添加任意元素并放置在舞台外，为此元素添加出现即暂停行为。

第二步，完成常德津市牛肉粉的投票行为设置（见图 3-193）。将 0 文本命名为"常德票数"。选择"为 TA 投票"按钮，添加投票行为，"触发条件"为点击。打开"参数"面板，设置"投票组件"为投票 1，"投票对象"为常德津市牛肉粉，"显示结果对象"为常德票数。投票成功后跳转到帧，打开"编辑"面板，设置跳转到第 2 帧。

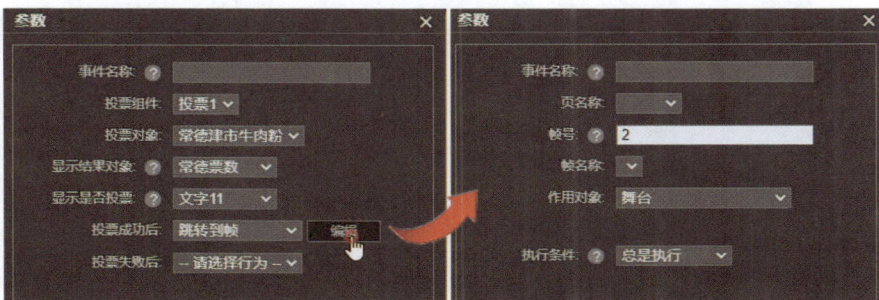

图 3-193　投票行为设置

第三步，设置第 2 帧显示的票数与投票数一致。将第 2 帧的 0 文本命名为"关联常德票数"，并为其添加改变元素属性行为，"触发条件"为出现。打开"参数"面板，改变关联常德票数的文本或取值，用设置的值替换现有值，"取值"为 {{ 常德票数 .text}}（见图 3-194）。

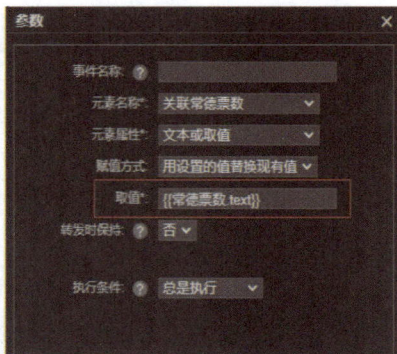

图 3-194　票数一致设置

第四步，设置下个任务的链接。选择最下方的文本，添加点击下一页行为。

第五步，完成其他元素的投票行为设置。通过复制与粘贴行为，调整相关参数。预览效果，效果实现。

※ 实战技巧：通过投票控件和改变元素属性行为都能实现点击数值+1的效果，但投票控件的数据能上传到平台。

4．技术小结

实战解析六投票功能设置如表 3-25 所示。

表 3-25　实战解析六投票功能设置

对象	行为	触发条件	参数	效果
舞台外矩形	暂停	出现	无	动画暂停
"为TA投票"按钮	投票	点击	投票组件：投票1 投票对象：常德津市牛肉粉 显示结果对象：常德票数 投票成功后跳转到第2帧	为常德津市牛肉粉投票
关联常德票数文本	改变元素属性行为	出现	元素名称：关联常德票数 元素属性：文本或取值赋值方式：用设置的值替换现有值 取值：{{常德票数.text}}	第2帧显示的票数与投票数一致
最下方的文本	下一页	点击	无	跳转到下一页

【实战解析七：设置抽奖功能】

按设定的比例随机抽取奖品。

知识点

抽奖控件设置、抽奖行为设置、提交表单行为设置、查看抽奖数据。

☑ 效果描述

1. 按一等奖 20%、二等奖 30%、三等奖 50% 的比例进行随机抽奖。
2. 引导用户抽奖后填写相关信息。
3. 可在平台上查看用户获奖信息。

⚒ 效果制作

1. 设置抽奖效果

第一步，完成抽奖页面布局。导入素材，添加文本，调整其位置、大小和色彩（见图 3-195）。

图 3-195 抽奖页面布局设置

第二步，设置抽奖控件。在舞台的任意位置添加抽奖控件，根据需求设置开始时间、结束时间、活动期间抽奖次数和奖项信息，并单击"提交数据"按钮（见图 3-196）。

第三步，设置抽奖行为。

首先，将两个 Text 文本分别命名为"奖项"和"奖品"，并设置透明度均为 0。将最下方文本命名为"提示语"，设置透明度为 0。

然后，选择"开始抽奖"按钮，添加点击即抽奖行为，设置参数（见图 3-197）。打开"参数"面板，设置"抽奖组件"为抽奖 1，"显示抽奖结果类别"为奖项，"显示奖品名称"为奖品，并添加 3 个改变元素属性行为，"触发条件"均为点击，将奖项、奖品、提示语的透明度设置为 100。

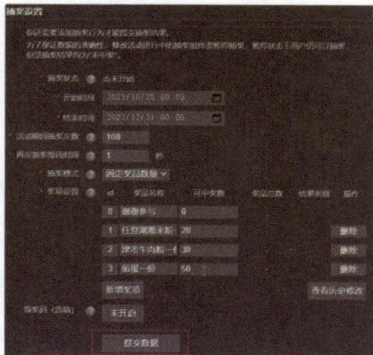

图 3-196 抽奖控件设置

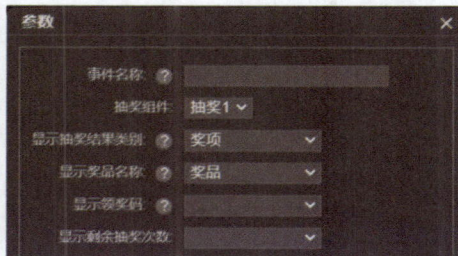

图 3-197 抽奖行为设置

最后，为提示语文本添加点击即下一页行为。

2. 设置抽奖数据的提交

第一步，完成数据提交页面的布局。在第 1 帧导入素材，添加文本和输入框，调整其位置、大小和色彩，完成中奖页面第 1 帧的布局设置（见图 3-198）。将第 1 个输入框命名为"姓名"，设置"提示文字"为请输入真实姓名、"必填项"为是（见图 3-199）。将第 2 个输入框命名为"电话"，设置"错误提示"为不是电话号码，"类型"为电话号码，同样将其设置为必填项（见图 3-200）。在第 2 帧导入素材，调整其位置、大小和色彩，完成中奖页面第 2 帧的布局设置（见图 3-201）。为文本添加蹦入预置动画。

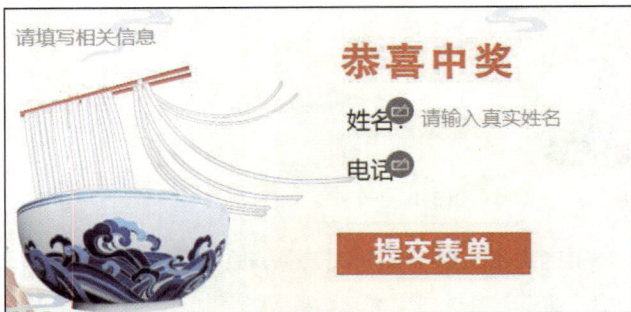

图 3-198　中奖页面第 1 帧的布局设置

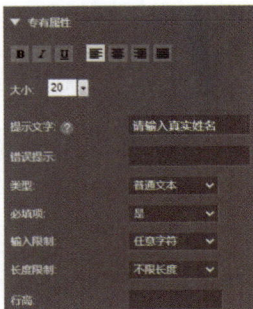

图 3-199　姓名输入框设置

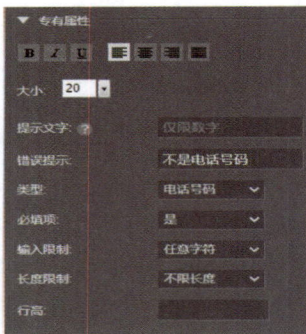

图 3-200　电话输入框设置

图 3-201　中奖页面第 2 帧的布局设置

第二步，完成数据提交的行为设置。在第 1 帧设置出现即暂停行为。为"提交表单"按钮添加提交表单行为，"触发条件"为点击。打开"参数"面板，勾选"奖品""奖项""姓名"和"电话"4 个选项，并设置操作成功后跳转到第 2 帧（见图 3-202）。

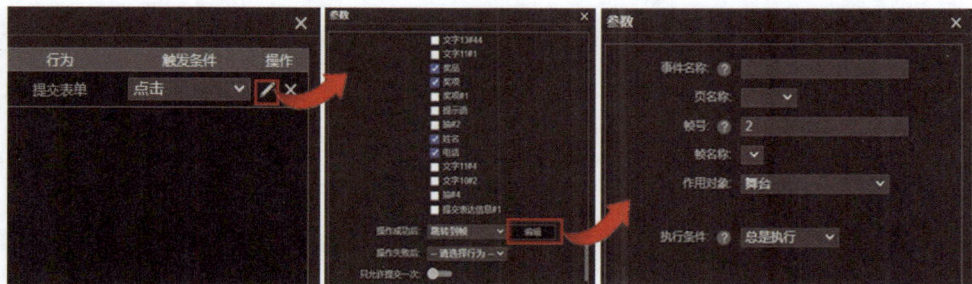

图 3-202　提交表单行为设置

　　预览效果，单击"开始抽奖"按钮，获得三等奖煎鸡蛋一份，填写姓名和电话号码，提交表单。

　　第三步，查看数据（见图 3-203）。回到 H5 作品管理界面，单击"数据"按钮，选择"用户数据"选项，则可以在平台上看到中奖人在什么时间中了什么奖项和奖品，以及中奖人的姓名和电话号码。

图 3-203　查看数据

　　※ 实战技巧：抽奖控件和随机跳转行为都能实现随机抽奖效果，但抽奖控件的数据能实时上传到平台，在平台上可查询中奖的相关数据。

3．技术小结

实战解析七抽奖功能设置如表 3-26 所示。

表 3-26　实战解析七抽奖功能设置

对象	行为	触发条件	参数	效果
"开始抽奖"按钮	抽奖	点击	抽奖组件：抽奖1 显示抽奖结果类别：奖项 显示奖品名称：奖品	随机抽奖
"开始抽奖"按钮	属性改变	点击	将奖项、奖品、提示语的透明度设置为100	显示奖项、奖品、提示语
提示语	下一页	点击	无	跳转到下一页
第一帧任意元素	暂停	出现	无	动画暂停
"提交表单"按钮	提交表单	点击	勾选奖品、奖项、姓名和电话4个选项，并设置操作成功后跳转到第2帧	提交数据

【实战解析八：作品整理与发布】

为了提升用户体验，增加解说词及音效，完善页面的相互跳转，设置分享与发布的参数。

知识点

绘画板控制、恢复擦玻璃初始状态、恢复连线初始状态行为的设置、作品发布设置。

☑ 效果描述

1．修改并完善作品页面的相互跳转。

2．作品分享发布设置。

✂ 效果制作

1．作品整理

第一步，为了提升用户体验，引导用户进行有效交互，在需要交互的页面添加解说词及音效。

第二步，设置禁止翻页行为。

第三步，设置各页面之间的相互跳转行为。其中，最后一页跳转到第一页，需要重置所有元素的所有属性。选择最后一页的"再次探索"按钮，添加跳转到页、重置元素属性、恢复擦玻璃初始状态、绘画板控制、恢复连线初始状态的行为（见图 3-204）。因设置了两个连线控件，所以需设置两个恢复连线初始状态行为。触发条件均为点击。对擦玻璃控件、绘画板控件、连线控件进行命名，并在"参数"面板中进行相关设置，使这些控件恢复至初始状态。

图 3-204　"再次探索"按钮行为设置

第四步，为了提升作品的整体效果，预览效果，微调各元素的位置、大小等参数。

※ 工匠精神："天下大事，必作于细。"说的是要成就伟大事业必须从细微之处着手。微调参数，看似是一个简单的动作，却蕴含着对细节的极致追求和对完美的无限渴望。我们在工作中要不满足于现状，不断尝试、调整、优化，以达到最佳的效果。这种对细节的把控和对品质的坚持，正是工匠精神的精髓所在。

2. 作品发布

第一步，完成作品发布的设置。在舞台的"属性"面板中设置分享信息和自适应形式并将旋转模式设置为强制横屏。

第二步，发布作品。返回 H5 平台，在"我的作品"栏中选择作品，单击"发布"按钮，进入"发布"页面，设置发布参数（见图 3-205）。

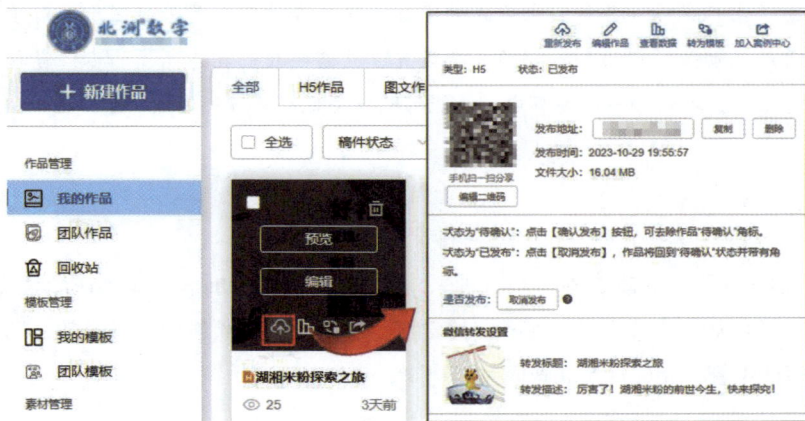

图 3-205　发布设置

※ 实战技巧：发布作品前需先确认无版权问题，发布后可再次修改作品。修改完善后的作品需重新发布。

3. 技术小结

实战解析八作品整理与发布设置如表 3-27 所示。

表 3-27 实战解析八作品整理与发布设置

对象	行为	触发条件	参数	效果
最后一页"再次探索"按钮	跳转到页	点击	跳转到第2页	跳转至开始页
	重置元素属性	点击	重置元素：所有元素 重置属性：所有属性	重置元素行为
	恢复擦玻璃初始状态	点击	元素名称：擦玻璃	重置擦玻璃控件
	绘画板控制	点击	绘画板名称：绘画板帽子 控制行为：清空绘画板	重置绘画板控件
	恢复连线初始状态	点击	元素名称：连线1	重置连线控件
	恢复连线初始状态	点击	元素名称：连线2	

※ 工匠精神：专注是指一个人在做某件事情时，能够全神贯注、心无旁骛地投入其中，不受外界干扰或内心杂念影响，将全部注意力集中在当前所从事的活动上。在现代社会中，由于信息爆炸和各种娱乐方式的干扰，保持专注变得越来越困难。对于本项目而言，由于涉及动画、行为和控件的复杂设置，更需要我们具备高度的专注精神。只有当我们全身心地投入到每一个细节中，才能够确保项目顺利进行和成功。

实战总结

1. 项目一使用关键帧动画、路径动画、滤镜动画、预置动画、变速动画、遮罩动画、变形动画、元件动画、序列帧动画和进度动画，结合图形的绘制、背景音效、加载页及作品发布等的设置，完成片头动画项目的制作。

💡 反思

打开制作好的H5动画片头，"动画"面板上呈现不同颜色的色块，它们分别代表什么动画，可做什么动画设置呢？将你的思考结果与表3-28进行对比，并在实践中验证。

表 3-28　H5 平台各类动画对比表

序号	"动画"面板显示	动画类别	动画设置	注意事项
1	绿色	关键帧动画	设置宽、左、透明度等各种属性	
2	蓝色	预置动画	设置动画类别、时长和延迟	
3	黄色	变形动画	设置形状	只用于本平台绘制的曲线或文本物体
4	紫红色	进度动画	设置形状和文字	只用于本平台绘制的曲线或文本物体
5	灰色	序列帧动画	设置每一帧效果	
6	绿色	路径动画	设置路径	
7	灰色	元件动画	设置元件	元件里的动画可包含各种动画形式
8		滤镜动画	设置滤镜类别和强度	可在各种动画形式下设置滤镜效果
9		变速动画	设置时长和运动方式	可在各种动画形式下设置变速效果
10		遮罩动画	设置遮罩图形、转为遮罩层	可在各种动画形式下设置遮罩效果

💡 反思

打开制作好的 H5 动画片头，"动画"面板上呈现不同样式的帧，它们分别代表什么呢？将你的思考结果与表 3-29 进行对比，并在实践中验证。

表 3-29　H5 平台各类帧对比表

序号	"动画"面板显示	帧类别	帧效果
1	空心点 ○	空帧	无元素
2	实心点 ●	关键帧	有元素
3	红心点 ●	设置动画关键帧	有元素动画

2．项目二介绍了多种动画播放控制行为、媒体播放控制行为、属性控制行为的设置，完成了交互游戏的制作。特别要注意，所有需要设置行为的元素，包括元件、组、音效、文本等，都应先命名。

> 💡 **反思**
>
> 设置行为时，有多种方法，以上方法并非唯一的，可尝试用其他方法完成。

3. 项目三结合擦玻璃、绘画板、连线、点赞、拖放容器、投票、定时器、计数器、抽奖等控件，与各种行为、各类动画融合，引导用户在交互的过程中深入探寻湖湘米粉的独特魅力，感受中华优秀传统文化的深厚底蕴，带领用户体验一场视觉、听觉、互动相结合的探索之旅。

> 💡 **反思**
>
> 很多控件的效果可以通过各种行为的设置来完成，是否能直接用行为的设置代替控件的设置呢？

学习测试互动

读者可以扫描二维码，参与本模块的学习测试自评。另外，读者还可以加入人邮学院平台本课程的学习，在"问答"区进行讨论、互动交流。

学习测试自评

实战训练

1. 为家乡"打 call"！选择最具代表性的家乡特色，如壮丽的自然景观、珍贵的历史遗迹、深厚的文化传统等，制作一则引人入胜的片头动画。通过各种动画效果展示家乡的魅力，并进行发布与分享。

2. 家乡土特产如同熠熠生辉的宝石，承载着独特的地域风情和深厚的文化底蕴。为了将这些宝藏呈现给更多人，请以家乡土特产为主题，精心收集相关素材，制作一款富有创意且互动性强的小游戏。

3. 以宣传本土红色旅游为主题，调研红色旅游的背景、路线和产品等，制作一部交互宣传片。为了更好地了解用户需求，需收集相关数据。为了提高用户的参与度，需设计抽奖送礼环节。

模块四
融媒体聚合与发布实战

岗课赛证

➢ 岗位：全媒体运营师、新媒体运营师等。

➢ 课程：公众号运营实战、融媒体平台运营实战、短视频平台运营实战等。

➢ 竞赛：全国职业院校技能大赛融媒体内容策划与制作赛项、金砖国家职业技能大赛数字媒体交互设计赛项、全国行业职业技能竞赛广告设计师赛项等。

➢ 证书：1+X 融媒体内容制作职业技能等级证书、1+X 新媒体编辑职业技能等级证书等。

项目背景

在数字化时代，融媒体技术快速发展，多平台、多渠道的传播方式已成为信息传播的常态。无论是 H5 融媒体平台、公众号还是短视频平台，都成为企业、组织和个人进行信息传播和品牌建设的重要阵地。掌握在这些平台发布信息的技巧和策略，不仅可以提升信息的传播效率和扩大信息的覆盖范围，还能更好地满足不同受众群体的需求，增强受众的黏性。

软件选择

北测数字融媒体内容策划与制作实训系统 V1.0。

4

实战项目一　H5 融媒体平台作品发布

【学习目标】

1. 掌握作品预览发布的方法。
2. 掌握作品发布设置的方法。
3. 掌握作品正式发布的方法。

【实战效果】

完成在 H5 融媒体平台的作品发布操作。

【实战要求】

在 H5 融媒体平台成功发布作品。

【实战准备】

1. 在 H5 融媒体平台上准备一个 H5 作品。
2. 准备一张 LOGO 图片。

备注：建议自备素材，如不具备条件，可使用随书素材进行实战学习。

【实战解析】

↘ 一、预览发布

H5 融媒体平台上有两种发布形式：一种是"预览发布"，只能预览效果，不能转发和统计数据；另一种是"正式发布"，可以转发和统计数据等。

预览发布：在 H5 编辑页面上方单击"内容共享"按钮，弹出预览发布的设置窗口，即可复制预览地址或下载二维码进行转发预览。如果预览效果需要加密，在窗口下方单击"密码保护"按钮，页面中就会出现预览效果的提取码（密码）。预览发布页面如图 4-1 所示。

↘ 二、发布设置

正式发布：进入作品发布页面有 3 种方法：第一种方法是在"我的作品"区域找到需要发布的作品，在作品的预览图上单击"预览"按钮；第二种方法是在作品的预览图上单击"发布"图标；第三种方法是进入作品的编辑页面，在页面上方单击"前往发布页面"按钮。推荐使用第三种方法，因为这样做可以在发布作品前进行发布信息的填写和相关设置。

单击作品编辑页面右侧的"属性"面板，找到"分享信息"的区域，可以根据需求依次填写或上传"转发标题""转发缩略图""转发描述""朋友圈转发标题""内容标题"，并进行帧速率等各种相关设置。"分享信息"页面如图 4-2 所示。

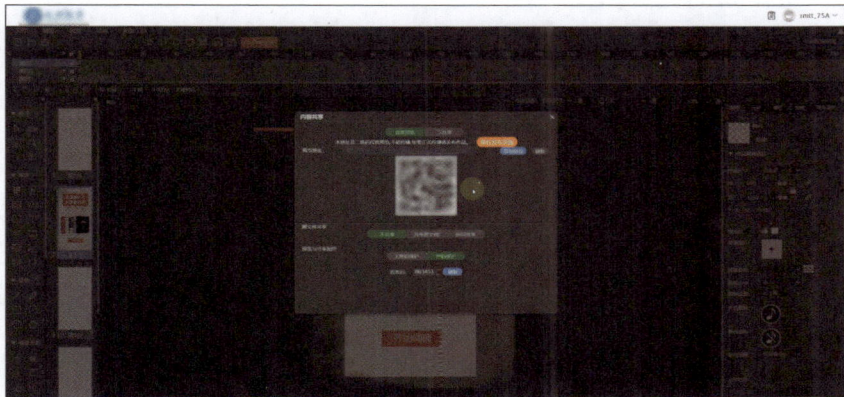

图 4-1　预览发布页面

图 4-2　"分享信息"页面

↘ 三、正式发布

在"属性"面板完成设置后，在页面上方单击"前往发布页面"按钮，进入确认发布页。可以在页面上方选择不同的设备类型和显示比例预览作品效果。

完成上述操作后，页面右侧出现了系统自动生成的作品发布地址和对应的二维码，发布地址支持复制后转发，二维码支持自定义编辑并通过手机扫一扫分享。在二维码下方单击"编辑二维码"按钮，进入二维码工具页面。第一步，单击"上传 LOGO"按钮，可以将自定义的本地图片（格式为 JPEG、PNG，大小不超过 2M）上传合成到二维码中居中显示。第二步，设置二维码的颜色，可以选择颜色或者单击"自定义颜色"按钮输入颜色代码。第三步，设置二维码的图片大小（正方形边长），确认后单击右下角的"下载图片"按钮，可以将自定义的图片下载到计算机进行转发。确认发布页面及二维码工具页面如图 4-3 所示。

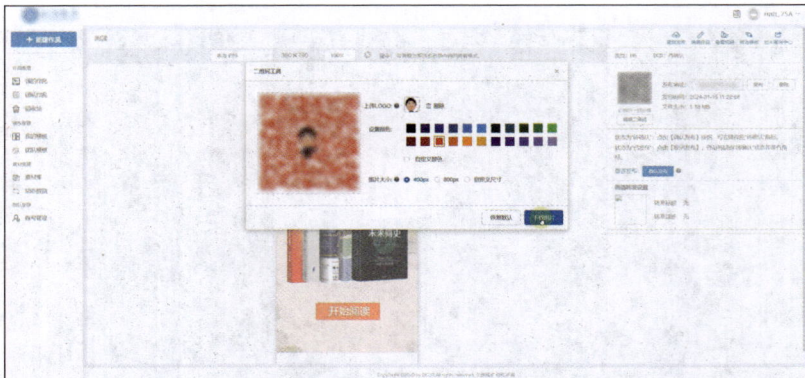

图 4-3　二维码工具页面

预览及完成设置后，在页面右侧单击"确认发布"按钮，作品就正式发布了。发布作品后，可以在页面右上角单击"查看数据"按钮，进入阅读页面，查看作品的浏览量和浏览人数等。查看数据页面如图 4-4 所示。

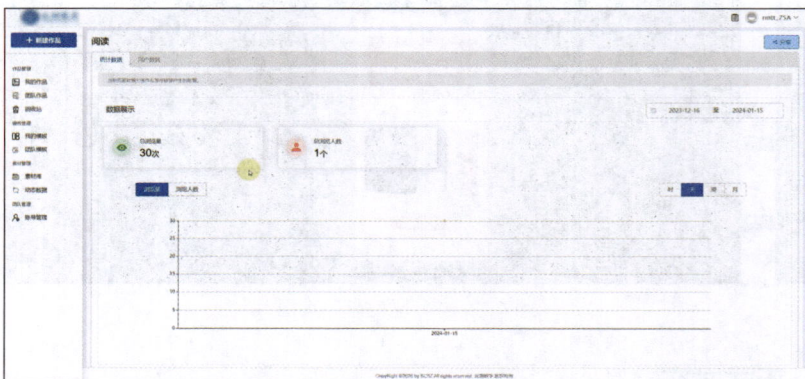

图 4-4　查看数据页面

※ 实战技巧：发布作品后，如果发现需要修改作品，可以单击"取消发布"按钮，然后对作品进行编辑与修改，重新发布作品后，作品发布地址和二维码均不会发生变化。

实战项目二　公众号内容聚合与发布

【学习目标】

1. 掌握公众号注册的步骤与方法。
2. 掌握公众号的设置方法。
3. 掌握素材上传管理的操作方法。

4. 掌握自定义菜单的操作方法。

5. 掌握内容聚合与发布的操作方法。

【 实战效果 】

完成公众号内容的聚合与发布操作。

【 实战要求 】

在微信公众平台成功发布内容。

【 实战准备 】

1. 准备好用于公众号注册的个人或企业相关资料。

2. 准备好用于公众号内容发布所需的若干素材。

备注: 建议自备素材, 如不具备条件, 可使用随书素材进行实战学习。

【 实战解析 】

一、公众号注册

在 PC 端进入微信公众平台的官方网站。微信公众平台登录页面如图 4-5 所示。

图 4-5 微信公众平台登录页面

如果是新用户, 不要用微信扫描二维码登录, 而是要单击右上角的"立即注册"按钮。单击"立即注册"按钮后会进入账号类型选择页面, 账号一共有 4 类型: 订阅号、服务号、小程序和企业微信。账号类型选择页面如图 4-6 所示。

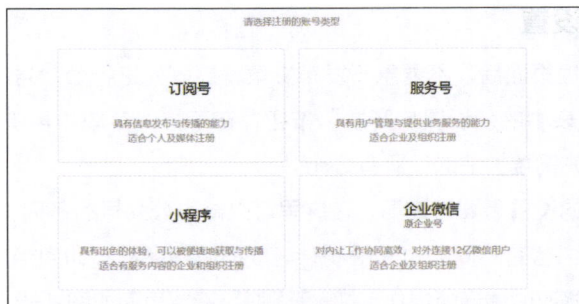

图 4-6 账号类型选择页面

如果对账号类型不了解，可以单击页面下方的"账号类型区别"选项进行查阅。账号类型功能介绍如图 4-7 所示。

账号类型	功能介绍
订阅号	主要偏向为用户传达资讯（类似报纸杂志），认证前后都是每天只可以群发一条消息（适用于个人和组织）
服务号	主要偏向服务交互（类似银行、114，提供查询服务），认证前后都是每个月可群发4条消息（不适用于个人）
企业微信	是一个面向企业级市场的产品，是一个实用的基础办公沟通工具，拥有基础和实用的功能服务，是专门提供给企业使用的即时通信产品（适用于企业、政府、事业单位或其他组织）
小程序	代表一种新的开放能力，可以被快速地开发出来，也可以在微信内被便捷地获取和传播，同时能为用户提供良好的使用体验

温馨提示：
1. 如果想简单地发送消息，达到宣传效果，建议选择订阅号；
2. 如果想让公众号获得更多的功能，例如开通微信支付，建议选择服务号；
3. 如果想管理企业内部员工、团队，可申请企业微信；
4. 原企业号已升级为企业微信。

图 4-7　账号类型功能介绍

对于在融媒体发布内容，一般通过订阅号实现。订阅号的注册流程分为 5 个步骤。第一步在账号类型的选择页面单击"订阅号"选项，进入基本信息的填写页面，填写完成后勾选同意协议，再单击"注册"按钮；第二步，进入企业注册地的选择页面，选择完成后单击"确定"按钮；第三步，进入账号类型的选择页面，在订阅号右下角单击"选择并继续"按钮；第四步，进入主体信息登记页面，可以根据需求选择不同的主体类型进行信息登记，填写完成后单击"继续"按钮；第五步，进入公众号信息填写页面，填写完成后单击"完成"按钮，至此公众号注册完成。

※ 职业道德：在注册公众号的过程中，需要填写一些必要的信息，请注册者保证这些信息真实、准确、合法、有效，如果注册后信息有变更，要注意及时更新。

↘ 二、公众号设置

进入公众号管理页面后，不要急于发布文章，最好先进行公众号的相关设置。可单击页面左侧功能列表中的"设置与开发"按钮，在下拉式菜单中再单击"公众号设置"按钮进行设置。首先需要关注的设置有 3 个。

第一个要关注的设置是账号详情，在这里可以修改公众号的名称、微信号和介绍等。注意，不同的修改内容有不同的时间限制，可以把鼠标指针移动到相关内容右侧的问号按钮上进行查看，修改时请谨慎操作。"账号详情"设置页面如图 4-8 所示。

图 4-8　"账号详情"设置页面

　　第二个要关注的设置是图片水印。在页面顶部单击"功能设置"按钮，在页面下方可以看到图片水印的设置位置，单击右侧的"设置"按钮，在弹出的窗口中可以选择设置图片水印的显示方式，建议使用公众号的名称来进行水印的设置，选择后单击"确定"按钮即可。图片水印设置页面如图 4-9 所示。

图 4-9　图片水印设置页面

　　※ 法律法规：为图片添加水印可以为图片提供版权保护，但需要注意的是，原创图片才会受到法律保护，非原创的图片即使设置了水印也是无效的，还有可能存在法律风险。

　　第三个要关注的设置是人员设置。单击页面左侧功能列表中的"人员设置"按钮，在这里可以添加其他的运营者来帮助管理公众号，单击右侧的"绑定运营者微信号"按钮，在弹出窗口中首先选择绑定时长"长期"或者"短期（一个月）"，然后输入需绑定的运营者微信号（可输入微信号、QQ 号或者手机号），最后在下方单击"邀请绑定"按钮，待对方同意邀请，即可绑定成功。绑定运营者微信号页面如图 4-10 所示。

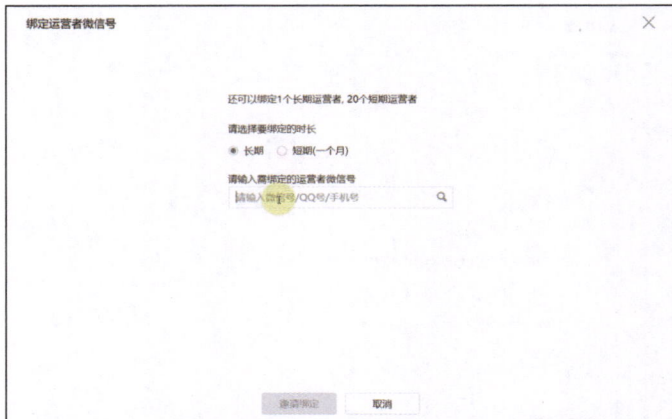

图 4-10　绑定运营者微信号页面

其他设置内容可以根据需要自行调整。

↘ 三、自定义菜单设置

在公众号管理页面左侧功能列表区单击"内容与互动"选项，在下拉式菜单中单击"自定义菜单"选项，进入自定义菜单页面。在操作区域的左下角可以添加 \ 修改 \ 删除自定义菜单，自定义菜单分为一级菜单和子菜单，最多可以添加 3 个一级菜单，每个一级菜单中最多可以添加 5 个子菜单，总共最多可以添加 15 个子菜单。

单击一级菜单，可以修改菜单名称和选择消息类型。菜单名称有字符限制，消息类型一共有 3 种，分别是发送消息、跳转网页和跳转小程序。其中，发送消息可以选择图文消息、文字、图片、音视频等，跳转网页可以从已发表中选择和从页面模板选择。

在一级菜单的上方，可以单击"添加"按钮添加当前菜单的子菜单，子菜单的操作和一级菜单的操作一致，但是需要注意的是，如果添加了子菜单，原来的一级菜单将不能进行消息类型的选择，无法实现各种跳转操作。自定义菜单操作页面如图 4-11 所示。

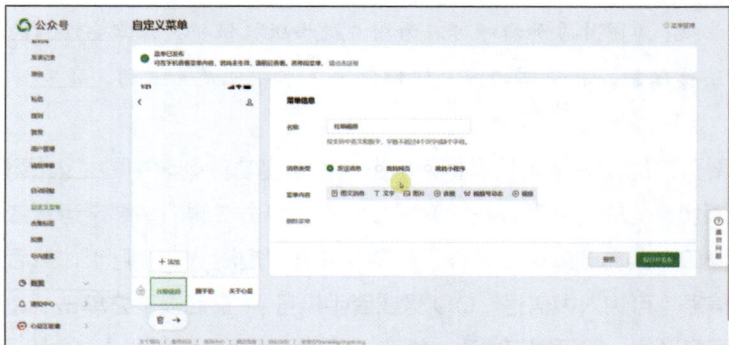

图 4-11　自定义菜单操作页面

如果要停用自定义菜单，可以在页面上方找到"若停用菜单，请点击这里"的文字按钮，单击该内容后会进入自定义菜单的停用页面，在页面下方单击"停用"按钮即可。自定义菜单停用页面如图 4-12 所示。

图 4-12　自定义菜单停用页面

四、素材上传管理

在进行内容发布之前，最好先了解清楚内容发布中可能涉及的各类多媒体素材的上传要求。在公众号管理页面左侧列表中单击"内容与互动"选项，在下拉式菜单中单击"素材库"选项，在这里可以上传的素材有 3 种类型，分别是图片、音频和视频。

首先，了解图片的上传要求，在页面右侧可以看到图片上传要求是大小不超过10M。单击要求旁边的"上传"按钮，找到计算机上需要上传的图片，双击选择进行上传。需要注意的是，图片上传之前需要规范命名，以方便图片的调用和管理。可以单击"上传"按钮下方的"新建"按钮来添加图片素材库的分组，通过分组来进行图片的分类管理。注意，最多可以创建 6 个分组。图片上传管理页面如图 4-13 所示。

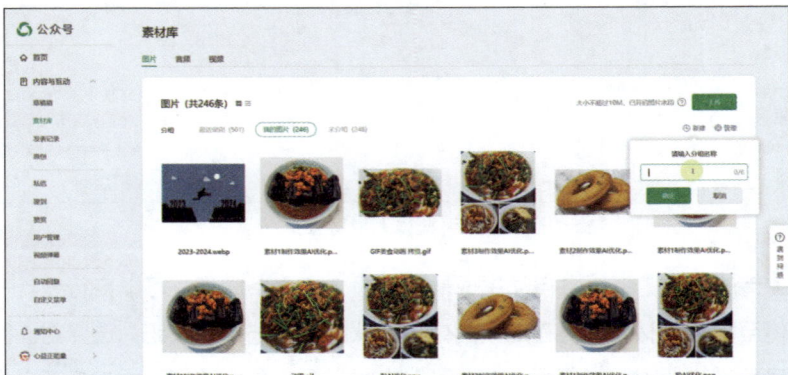

图 4-13　图片上传管理页面

181

接下来，了解音频的上传要求，在页面上方单击"音频"选项，再在右侧单击"上传音频"按钮，便可以进行音频的上传设置。上传音频需要依次填写音频的标题和所属分类，下方注明了音频上传的格式、大小和时长要求。上传音频需要进行流程处理，具体可以查看"音频处理流程"。音频上传管理页面如图4-14所示。

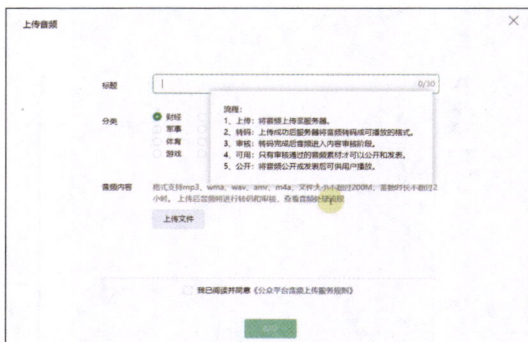

图4-14　音频上传管理页面

最后，了解视频的上传要求，在页面上方单击"视频"选项，再在右侧单击"添加"按钮，便可以进行视频的上传设置。视频上传同样有大小、格式的要求，如果超过了视频上传的限制可以先将视频上传至腾讯视频再进行视频调用。单击"上传视频"按钮，找到计算机上需要上传的视频，双击选择视频便可进行上传。视频上传管理页面如图4-15所示。

图4-15　视频上传管理页面

视频上传成功后，系统会自动生成推荐封面，如果不满意，可以自行设计一张封面图片并上传至图片素材库，再在此页面单击"从图片库选择"按钮，选择封面图片上传后，进入自定义封面的编辑页面，在此可以进行封面的比例调整和添加文字操作。视频封面编辑页面如图4-16所示。

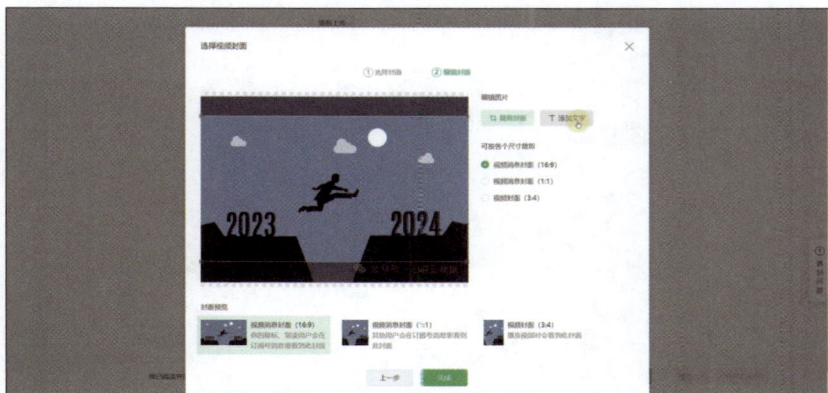

图 4-16　视频封面编辑页面

封面编辑完成后，单击"保存"按钮，继续进行视频的设置，包括标题、分类、介绍等设置，下方还可以进行弹幕和合集标签的设置。如果视频较多，最多可以设置 5 个视频合集，方便管理。设置完成后，单击同意上传协议，在页面底部单击"保存"或"保存并发表"等按钮。视频弹幕和合集标签等设置页面如图 4-17 所示。

图 4-17　视频弹幕和合集标签等设置页面

了解各类多媒体素材的上传要求，更有利于公众号内容的发布操作。

※ 法律法规：在公众号上不得上传未经授权的他人视频作品，以及色情、反动视频等违法视频。

五、内容聚合与发布

公众号的内容发布一共有 7 种类型，分别是图文消息、选择已有图文、图片 / 文字、视频消息、转载、音频消息、直播。后面 6 和类型都可以通过图文消息来进行编辑发布，因此重点讲解图文消息的聚合与发布，发布内容选择页面如图 4-18 所示。

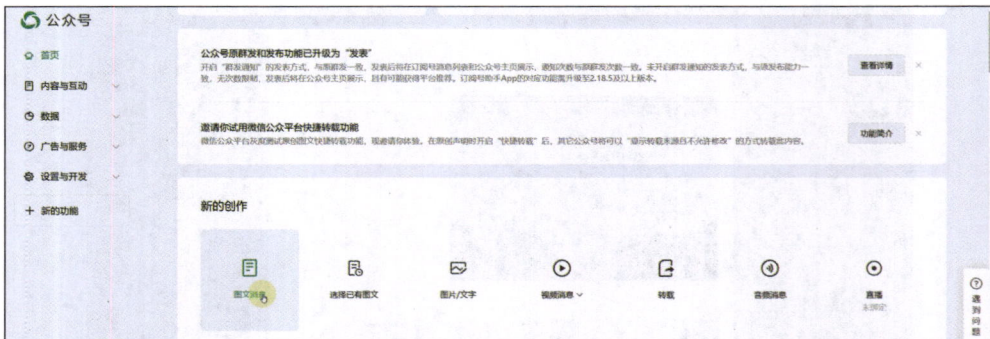

图 4-18　发布内容选择页面

单击"图文消息"选项，进入图文消息的编辑页面，该页面左侧是预览区域，顶部是菜单栏及工具栏，中间是操作区域。图文消息编辑页面如图 4-19 所示。

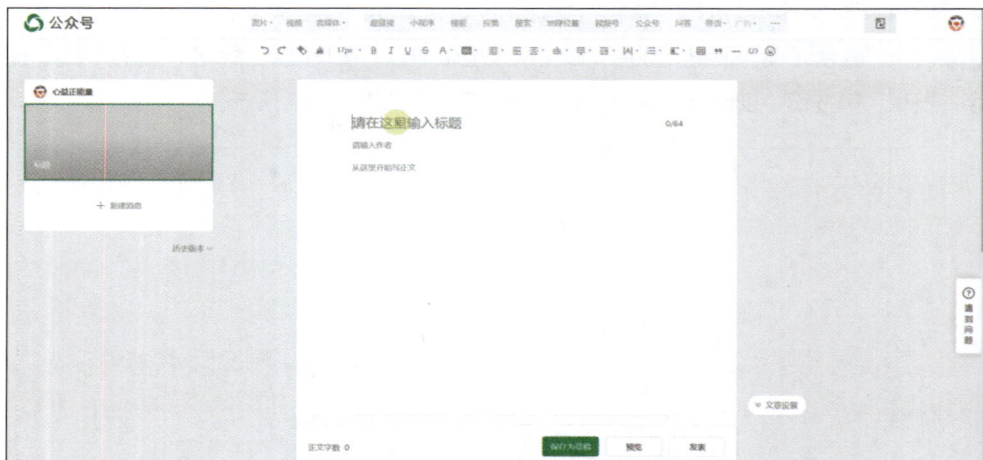

图 4-19　图文消息编辑页面

第一步，输入标题。标题不能进行格式的编辑，限制 64 个字符。第二步，输入作者。作者信息同样不可编辑格式，限制 8 个字符。第三步，输入正文。正文可以输入包括文字、图片、视频、音频等在内的多种媒体形式。文字直接输入即可，而其他的媒体形式的聚合则需要通过顶部的菜单栏来进行，接下来将依次讲解。

插入图片：有两种方式，第一种是本地上传，第二种是从图片库中选择插入。插入视频：有两种方式，第一种是从视频库中选择插入，第二种是插入视频链接，视频链接只能是来自公众号或者腾讯视频的链接。插入音媒体：有两种方式，第一种是音频的插入，可以从素材库中或者从视频号中选择插入；第二种是音乐的插入，因为版权的原因，音乐只能是来自 QQ 音乐或者视频号。插入图片、视频、音媒体的页面如图 4-20 所示。

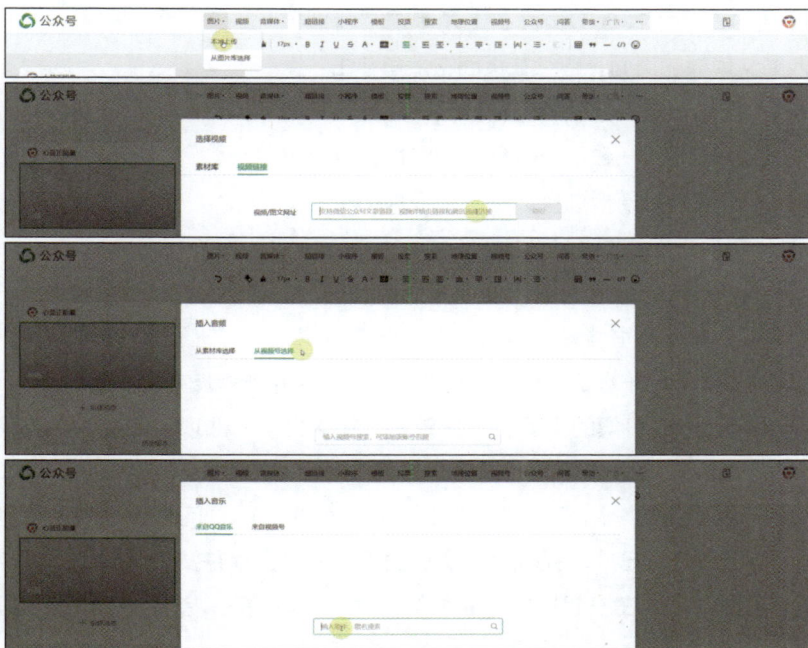

图 4-20　插入图片、视频、音媒体页面

插入超链接：首先要选择展示方式，可以选择文字或者图片。如果选择文字，填写链接标题即可；如果选择图片，则可以从本地上传或者从图片库中选择。链接内容有两种选择，第一种选择是链接公众号文章，公众号可以是你自己的或者他人的；第二种选择是输入链接，输入的链接不能是互联网上的任何超链接，只能是公众号的文章链接。插入超链接的页面如图 4-21 所示。

插入小程序：在微信中打开小程序，然后在右上角复制小程序的链接并粘贴到"小程序链接"对应的文本框中，可以选择"图片""文字""小程序卡片"3 种展示方式，如果选择以小程序卡片进行展示，页面下方还需要填写卡片标题和选择卡片样式。插入小程序页面如图 4-22 所示。

图 4-21　插入超链接页面

图 4-22　插入小程序页面

插入模板：在插入模板的页面右上角单击"管理模板"，进入图文模板的页面，继续在页面右上角单击"新建图文模板"选项，进入模板的编辑区域，其操作方法和图文消息的操作方法一致。模板创建好以后，就可以在插入模板的页面进行模板选择，基于模板来创建图文消息了。插入模板页面如图 4-23 所示。

※ 实战技巧：如果文章较多，并且希望风格统一，建议新建模板，在模板中确定文章的结构、标题样式、必要的多媒体元素等，并基于模板来创建图文消息，这样可以提高工作效率。

图 4-23　插入模板页面

发起投票：在发起投票的页面右上角单击"新建投票"选项，依次输入或选择"投票名称""截止时间""投票权限""问题 – 标题""问题 – 选择方式""问题 – 选项"等，其中"问题"可以添加多个，"问题 – 选项"可以添加多个，"问题 – 选项"除了可以输入文字还可以选择图片形式，完成后单击页面下方的"保存并发布"按钮即可。如果有已经发布的投票，可以在发起投票页面查看投票的具体情况。新建投票页面如图 4-24 所示。

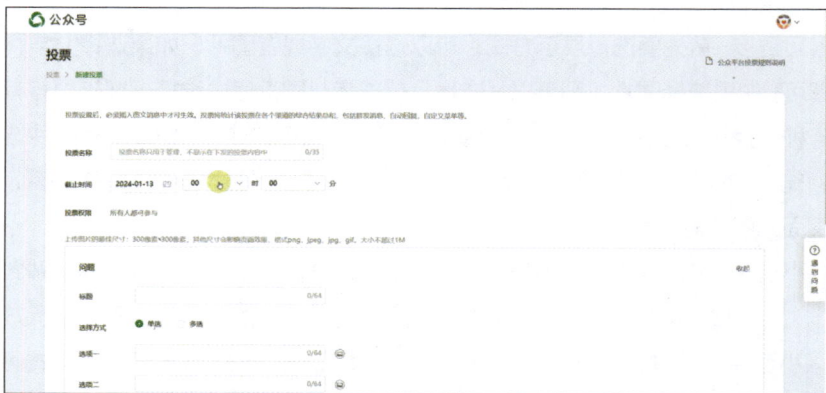

图 4-24　新建投票页面

插入搜索组件：通过设置文章的搜索关键词，来帮助用户更快捷地检索公众号的关联内容。关键词可以设置多个，关键词之间可以进行排序，设置好后在页面左侧可以看到样式效果。插入搜索组件页面如图 4-25 所示。

插入地理位置：在搜索框中输入需要展示的位置名称，输入名称后按回车键，在弹出关联地点后选择需要的位置，随后进行展示方式的选择：第一种方式是选择文字链接，用户点击对应的文字后，会打开指定位置的地图；第二种方式是选择地图卡片，用户可以直观地看到地图的具体内容。插入地理位置页面如图 4-26 所示。

图 4-25　插入搜索组件页面

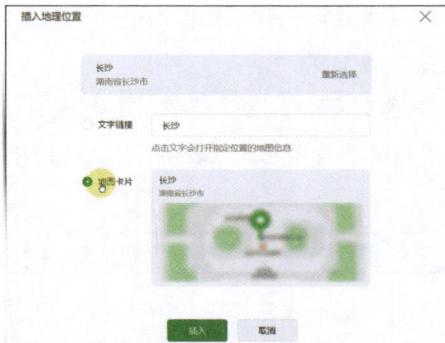

图 4-26　插入地理位置页面

插入视频号、插入公众号、插入问答：这 3 种内容需要在进行对应的账号绑定后，对对应账号的内容进行调用插入。

"带货"：可以选择"返佣商品"或者"橱柜商品"进行"带货"。要开通"返佣商品"功能，需要满足官方要求的开通条件。而"橱柜商品"指的是视频号中的橱柜商品，要将视频号和公众号绑定后，才可以在公众号文章中添加视频号中的橱窗商品。返佣商品设置页面如图 4-27 所示。

广告：符合条件的用户可以在图文消息中插入广告。广告有两种形式，第一种是底部 / 文中广告，注意选择插入方式和商品类目；第二种是互选广告，可通过单击"流量主 – 互选合作"选项进行互选广告设置，提升被广告主选择的概率。

※ 职业道德：想通过"带货"或者广告获得收益无可厚非，但是如果通过不正当或者违法的手段获得流量并因此"带货"获利是不可取的，要经得起利益的诱惑，在利益面前一定要守住道德底线，切勿违法犯罪。

图 4-27　返佣商品设置页面

187

菜单栏最后一个按钮是"自定义工具栏"，单击该按钮可以对上述按钮进行显示 / 隐藏及排序操作。

在菜单栏下方，有一系列排版按钮，包括格式刷、文本大小和样式、对齐方式、缩进、行间距、序号、插入表格、插入代码和插入表情包等按钮。排版按钮布局如图 4-28 所示。

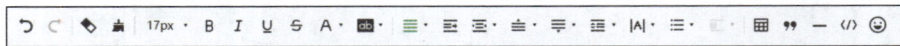

图 4-28　排版按钮布局

正文编辑完成后，将页面往下拉，会出现文章的设置区域。第一步，设置封面，封面可以从文中或者图片库中进行选择。第二步，填写摘要，摘要是选填的，如果不填写则会默认抓取正文的前 54 字显示，建议认真填写摘要（不超过 120 字），因为摘要能够帮助读者快速了解内容，提高文章的阅读量。第三步，设置原创声明，如果声明成功，内容将获得平台的著作权保护，高质量内容可能会得到平台的推荐。第四步，设置赞赏功能，只有设置原创声明后才可以开启赞赏功能。往下的设置依次为原文链接、快捷私信、合集、不允许被平台推荐、创作来源。放置原文链接是尊重他人知识产权的必要措施；快捷私信是否开启取决于业务需要；合集可以创建 5 个，合集便于进行文章的归类管理；不允许被平台推荐是新出现的功能按钮，勾选之后公众号的文章不被平台推荐；创作来源可以选择对应的内容来源，包括 AI 生成、官方媒体、剧情演绎等。文章设置区域如图 4-29 所示。

※ 法律法规：根据中央网络安全和信息化委员会办公室发布的《关于加强"自媒体"管理的通知》，"自媒体"在发布涉及国内外时事、公共政策、社会事件等相关信息时，网站平台应当要求其准确标注信息来源，发布时在显著位置展示。

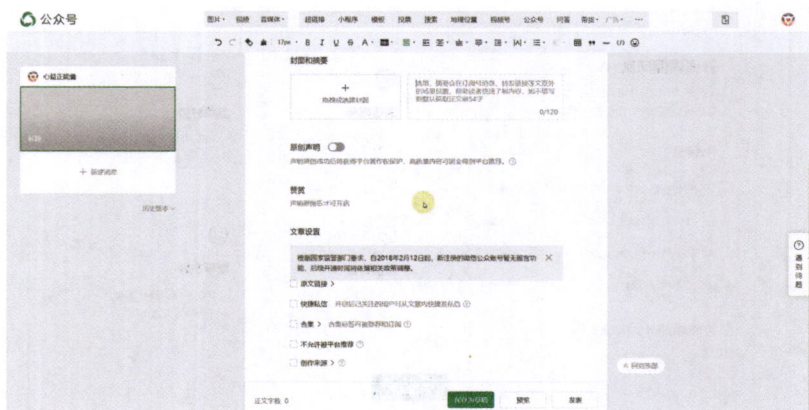

图 4-29　文章设置区域

实战项目三　短视频平台内容发布

【学习目标】

1. 掌握抖音平台内容发布的步骤和方法。
2. 掌握快手平台内容发布的步骤和方法。
3. 掌握小红书平台内容发布的步骤和方法。
4. 掌握哔哩哔哩平台内容发布的步骤和方法。

【实战效果】

完成热门短视频平台内容发布操作。

【实战要求】

在抖音、快手、小红书、哔哩哔哩等平台成功发布内容。

【实战准备】

1. 准备若干个用来上传至各短视频平台的原创短视频。
2. 在各短视频平台完成注册账号的操作。

备注：建议自备素材，如不具备条件，可使用随书素材进行实战学习。

扫一扫

微课做中学

【实战解析】

对于短视频平台的内容发布，如果可以任意选择发布端，建议优先选择 PC 端进行操作。

↘ 一、抖音平台内容发布

在 PC 端打开抖音平台的官方网站，第一次打开会自动弹出登录窗口，有 3 种不同的登录方式，选择其一登录即可，登录窗口如图 4-30 所示。登录成功后，在页面右上角单击"投稿"按钮，选择"发布视频"选项，进入抖音创作者中心页面。"投稿"按钮位置如图 4-31 所示。

抖音创作者中心页面的左侧是功能列表区域，右侧是操作区域。

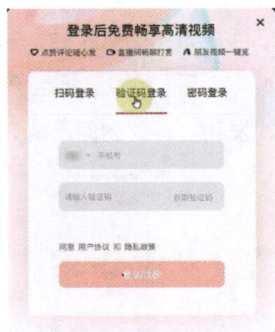

图 4-30　抖音平台登录窗口

单击"发布视频"选项下方的"点击上传"按钮，找到计算机上需要上传的视频，双击后进入发布视频的设置页面，左侧依旧是功能列表区域，中间是设置区域，右侧是预览区域。发布视频设置页面如图 4-32 所示。

图 4-31　抖音平台"投稿"按钮位置

图 4-32　发布视频的设置页面

设置内容可以分为 11 个部分。①作品描述：包括作品标题和作品简介，可以添加话题和 @ 好友，好的作品标题可以让视频获得更多的浏览量，要认真思考标题。②作品活动奖励：可以选择参加官方举办的各种活动，获得流量奖励，非必选项。③设置封面：系统会智能推荐封面，但是效果很难保证，可以参考官方的"优质封面示例"优化封面。④添加章节：如果视频内容较多，可以添加章节，以便查看，非必选项；⑤添加标签：可以选择添加位置（地理位置）或添加小程序（抖音小程序链接），非必选项。⑥申请关联热点词：关联热点词可以提高视频的曝光度，非必选项。⑦添加到合集：如果当前上传的视频属于一系列视频中的一条，可以自定义视频合集，将当前上传的视频添加到指定的合集中，非必选项。⑧同步到其他平台：可以将视频同步到西瓜视频平台，使其获得更多的播放量和创作收益，非必选项。⑨允许他人保存视频：可以选择允许或不允许。⑩设置谁可以看：可以选择公开、好友可见或仅自己可见。⑪发布时间：可以选择立即发布或定时发布。优质封面示例如图 4-33 所示，部分设置内容页面如图 4-34 所示。

图 4-33　优质封面示例

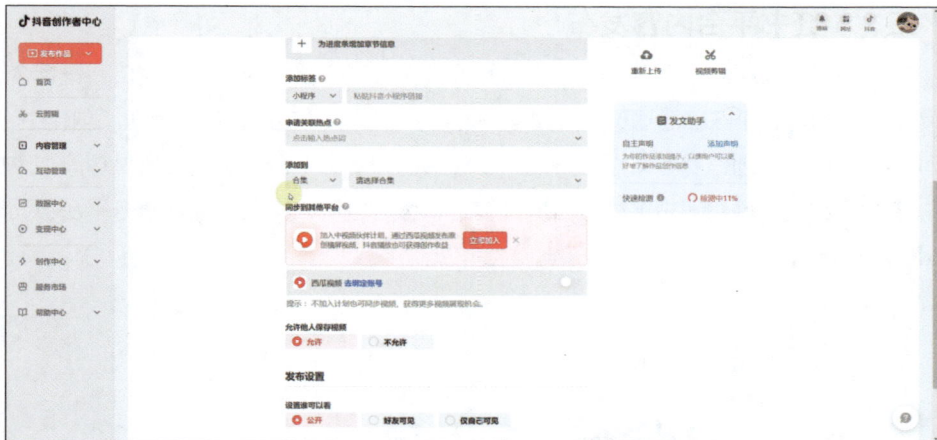

图 4-34　部分设置内容页面

※ 法律法规：在屏幕的右侧区域，还有个自主声明的设置选择，这很容易被新手忽略，建议大家自行添加合适的声明，这样可以在一定程度上保护自己和他人。自主声明设置页面如图 4-35 所示。

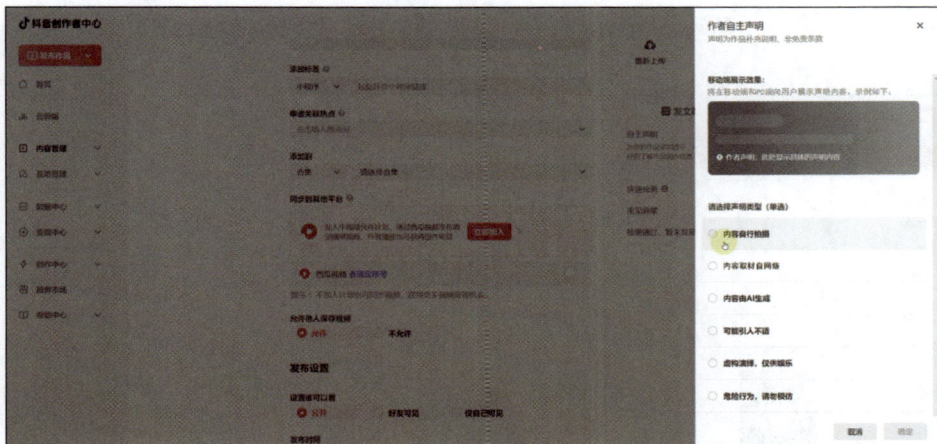

图 4-35　自主声明设置页面

内容设置完成后，单击页面最下方的"发布"按钮，等待抖音平台审核。如果视频没有通过审核，则会接到平台通知，需要按要求修改后再次上传并继续等待审核。

在抖音平台还可以发布图文和全景视频，操作方法和发布视频的方法大同小异，此处不再赘述。

二、快手平台内容发布

请参考微课视频进行学习。

↘ 三、小红书平台内容发布

在 PC 端打开小红书平台的官方网站，第一次打开会自动弹出登录窗口，选择合适的登录方式即可。小红书登录页面如图 4-36 所示。登录成功后，在右上角"创作中心"选项的下方单击"创作服务"按钮，进入小红书创作服务平台，页面左侧是功能列表区域，中间是数据区域和编辑区域，右侧是笔记灵感等区域。小红书创作服务平台页面如图 4-37 所示。

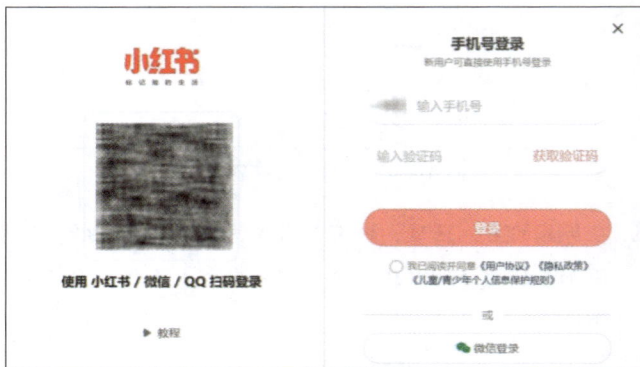

图 4-36　小红书登录页面

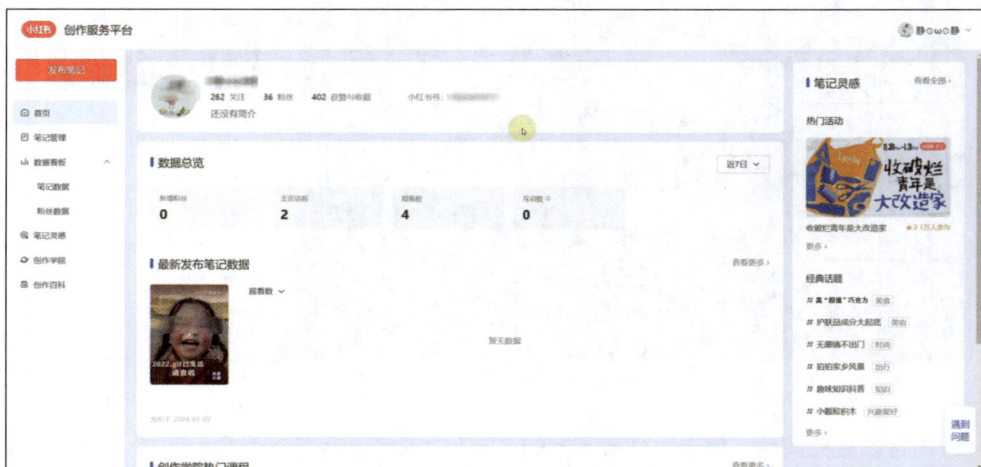

图 4-37　小红书创作服务平台页面

单击页面左上角的"发布笔记"按钮，首先进行视频的上传操作。上传视频前请仔细阅读页面下方的上传要求，包括视频的时长、大小、格式和分辨率等。单击"上传视频"按钮，双击需要上传的视频进行上传，等待视频上传。上传视频页面如图 4-38 所示。

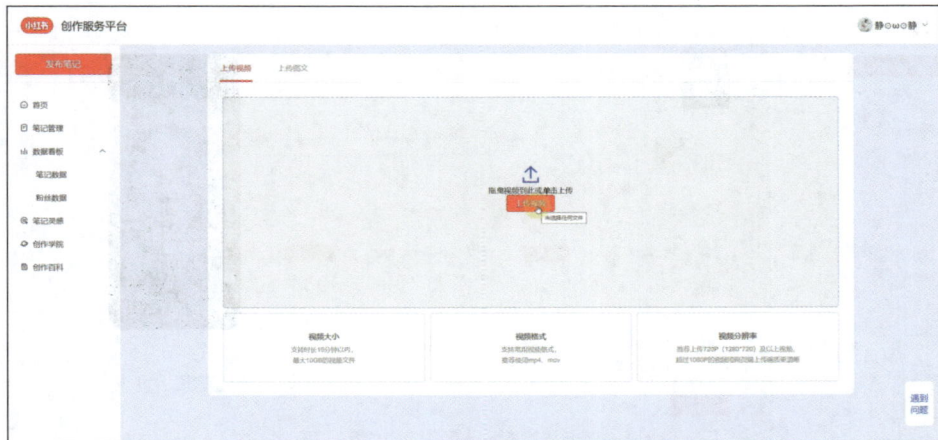

图 4-38 上传视频页面

视频上传成功后，需要进行视频的编辑和设置。首先要进行视频的封面设置，系统默认使用视频的第一帧作为封面，如果不满意，单击右侧的"编辑默认封面"按钮，可以截取视频的任意一帧作为视频封面，页面下方还可以设置截取的画面比例。如果追求更好的效果，可以单击"上传封面"按钮，上传计算机上设计好的视频封面。设置封面页面如图 4-39 所示。

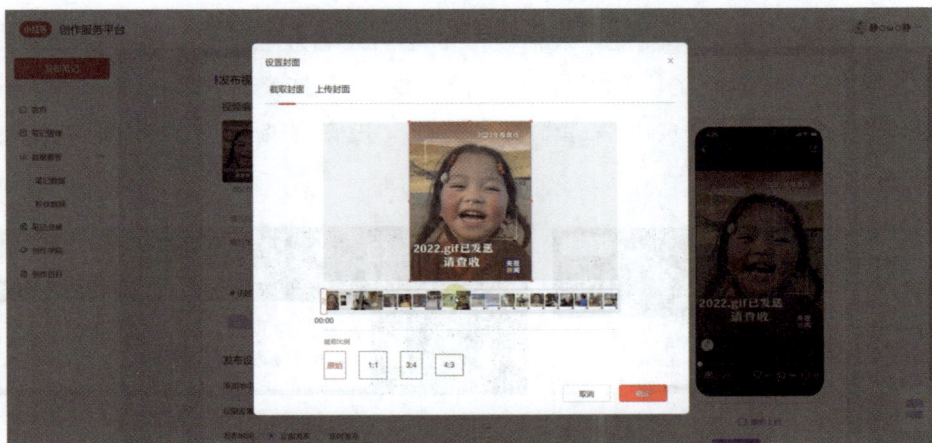

图 4-39 设置封面页面

封面设置完成后，需要填写视频的标题和描述信息，可以关联话题、@ 好友及添加小红书特有的表情包，继续添加章节和添加标记，其中，使用小红书特有的添加标记功能可以在视频的任意一个画面上添加人物和地点。最后是关于地点、权限和发布时间的发布设置。发布设置页面如图 4-40 所示。

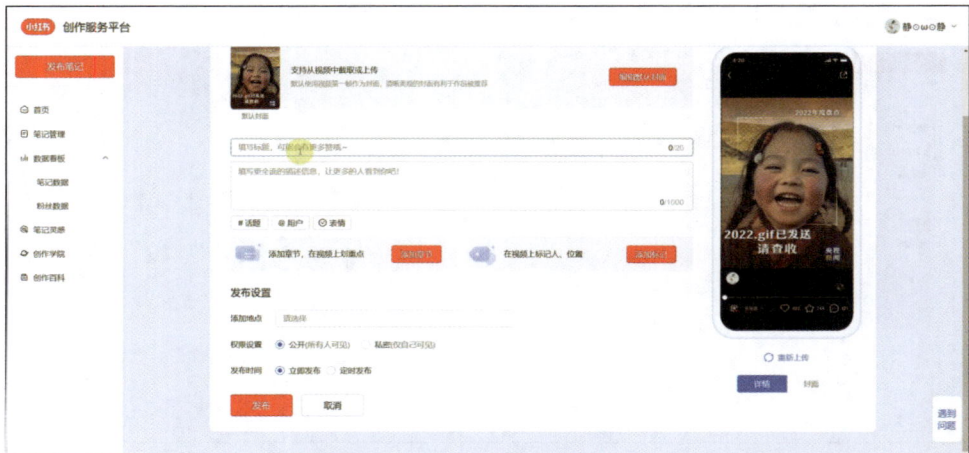

图 4-40　发布设置页面

内容设置完成后，单击页面最下方的"发布"按钮，等待小红书平台审核。如果视频没有通过审核，则会接到平台通知，需要按要求修改后再次上传并继续等待审核。

在小红书平台还可以发布图文，其操作方法和发布视频的方法大同小异，此处不再赘述。

四、哔哩哔哩平台内容发布

在 PC 端打开哔哩哔哩平台（以下简称"B 站"）的官方网站，在首页右方找到"登录"按钮。"登录"按钮的位置如图 4-41 所示。单击"立即登录"按钮，输入账号密码或扫码，通过验证后登录成功。在首页右上角单击"投稿"按钮。"投稿"按钮的位置如图 4-42 所示。

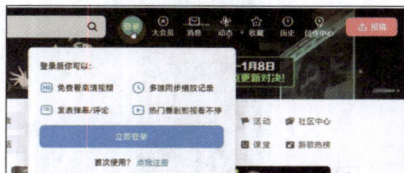

图 4-41　"登录"按钮的位置

图 4-42　"投稿"按钮的位置

进入创作中心页面，左侧是功能列表区域，右侧是操作区域。

单击"上传视频"按钮，在计算机上选择需要上传的视频，双击即可上传。上传后会显示视频信息的设置页面，标记星号的内容必须填写，其他内容选填。视频设置页面如图 4-43 所示。

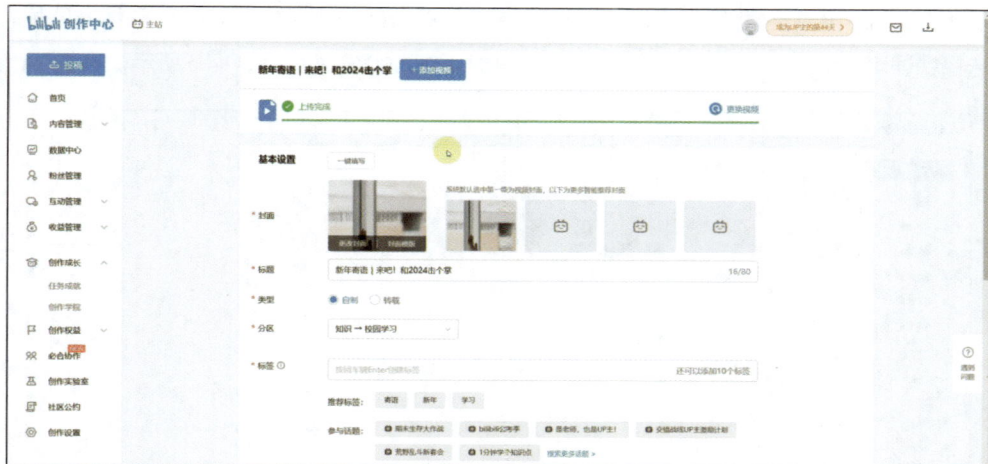

图 4-43　视频设置页面

第一行是关于视频封面的设置，视频封面一共有 3 种设置方法，第一种方法是截取封面，即在视频中找到某一帧将其设置为封面；第二种方法是上传封面，即在计算机中设计好封面，然后上传设置；第三种方法是使用封面模板功能，即通过系统的封面制作模板进行编辑设置。视频封面设置页面如图 4-44 所示。

※ 工匠精神：一张优质的视频封面是吸引用户关注查看视频的关键，请务必认真对待，如果缺乏封面设计能力，可以借助封面模板功能进行设计，不要忽略每一个细节，细节决定成败。

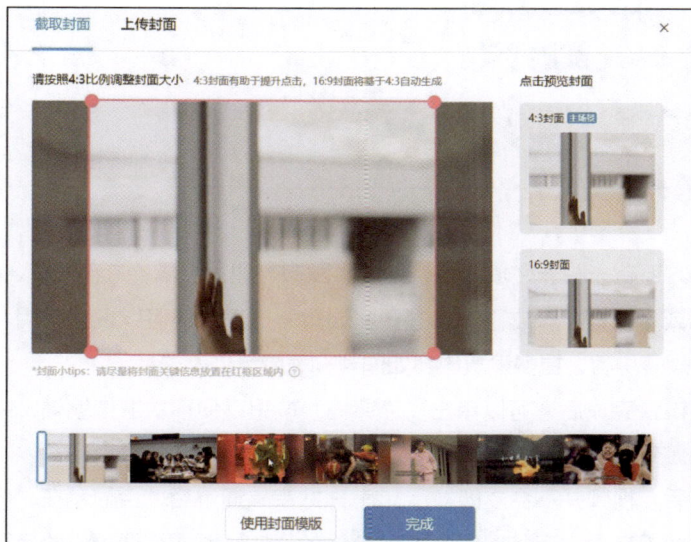

图 4-44　视频封面设置页面

接下来，根据需要填写标题、选择类型和选择分区。选择分区时要注意精准匹配，选择错误可能会导致视频的推送出现问题。视频分区选择页面如图 4-45 所示。

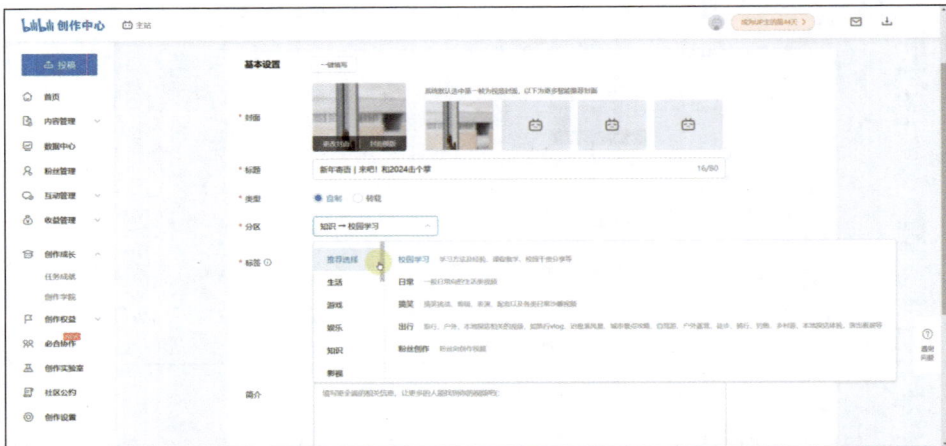

图 4-45　视频分区选择页面

最后一个必填项是标签，标签的选择将影响视频的曝光度。可以在推荐标签中直接选择，也可以自己输入标签。如果是自己输入标签，记得输入后按下回车键，自定义标签变成蓝底白字后才代表标签输入成功。在推荐标签的下方还可以选择参与话题，如果选择准确，同样可以提高视频的曝光度。输入标签示例如图 4-46 所示。

图 4-46　输入标签示例

在标签下方还有一些非必填内容，如定时发布、加入合集、二创设置、商业推广等，可以按需填写或者设置。单击下方的"更多设置"选项，还可以设置声明与权益、视频元素、互动管理等内容。更多设置内容如图 4-47 所示。

所有内容设置完成后，可以单击"存草稿"按钮以便下次继续编辑，或者单击"立即投稿"按钮提交设置。

设置提交后，视频并不会立即显示，在 B 站审核通过后才会显示在"内容管理"列表中。如果视频没有通过审核，则会接到 B 站的通知，需要按要求修改后再次上传并继续等待审核。

在 B 站还可以发布音频和贴纸等多媒体内容，其操作方法和发布视频的方法大同小异，此处不再赘述。

图 4-47　更多设置内容

※ 法律法规：互联网不是法外之地，在互联网上发布视频要遵守相关的法律法规，不得从事危害国家安全、破坏社会稳定、扰乱社会秩序、侵犯他人合法权益等法律法规禁止的活动，不得制作、发布、传播煽动颠覆国家政权、危害政治安全和社会稳定、网络谣言、淫秽色情，以及侵害他人名誉权、肖像权、隐私权、知识产权和其他合法权益等法律法规禁止的内容。

实战总结

1. 通过项目一的实战，掌握了 H5 融媒体平台作品预览发布、发布设置和正式发布的方法。

2. 通过项目二的实战，掌握了公众号注册、设置、素材上传管理、自定义菜单、内容聚合与发布的方法。

3. 通过项目三的实战，掌握了抖音、快手、小红书、B 站等 4 个短视频平台内容发布的步骤和方法。

💡 反思

在融媒体内容的聚合与发布过程中，必须深入考量目标用户群体的习惯与偏好，并据此进行定制化设置，以实现更佳的传播成效。

学习测试互动

读者可以扫描二维码，参与本模块的学习测试自评。另外，读者还可以加入人邮学院平台本课程的学习，在"问答"区进行讨论、互动交流。

学习测试自评

实战训练

1．在 H5 融媒体平台发布你的作品，并观察作品的浏览量和浏览人数。

2．在公众号发布至少 3 篇不同的文章，并观察文章的浏览量、点赞量和留言量等。

3．在抖音、快手、小红书、B 站等平台发布你的作品，并观察作品的浏览量、点赞量、留言量和观众数据等。